净零能耗建筑论丛

净零能耗建筑运维与调适

张时聪　徐　伟　主编

中国建筑工业出版社

图书在版编目（CIP）数据

净零能耗建筑运维与调适 / 张时聪，徐伟主编．—
北京：中国建筑工业出版社，2023.4（2024.1重印）
（净零能耗建筑论丛）
ISBN 978-7-112-28442-9

Ⅰ.①净…　Ⅱ.①张…②徐…　Ⅲ.①生态建筑-建筑工程-项目管理-信息化建设　Ⅳ.①TU-023

中国国家版本馆 CIP 数据核字（2023）第 038773 号

责任编辑：张文胜
责任校对：芦欣甜

净零能耗建筑论丛
净零能耗建筑运维与调适
张时聪　徐　伟　主编

*

中国建筑工业出版社出版、发行（北京海淀三里河路 9 号）
各地新华书店、建筑书店经销
北京科地亚盟排版公司制版
建工社（河北）印刷有限公司印刷

*

开本：787 毫米×1092 毫米　1/16　印张：8¼　字数：191 千字
2023 年 4 月第一版　　2024 年 1 月第二次印刷
定价：**32.00** 元
ISBN 978-7-112-28442-9
（40769）

前　言

2009年11月，中美在北京发表《中美联合声明》，宣布成立中美清洁能源联合研究中心（US-CHINA Clean Energy Research Center，简称CERC），双方同意在未来5年对CERC投入不低于1.5亿美元，优先选择清洁煤技术、清洁汽车技术、建筑节能技术3个研究领域，并于2011—2015年开展第1期合作。2014年，中美宣布继续支持CERC第2期合作（2016—2020年）。其中建筑节能作为贯穿两期的优先支持合作领域，由建筑节能联盟（简称“CERC-BEE”）委托住房和城乡建设部科技与产业化发展中心，与美方依托单位美国劳伦斯伯克利国家实验室联合执行引导科研工作[1]。十年合作框架下与美方多家建筑领域前沿科研机构奠定了良好的联合研究、定期互访等合作模式，积累形成系列标志性研究成果。

2016年7月，《中美清洁能源联合研究中心二期建筑节能联盟五年合作计划（2016—2020）》（简称《CERC-BEE第二个五年合作计划》）发布，中美双方继续开展建筑节能合作研究，确定以“净零能耗建筑”为研究对象，以解决关键问题为目标，以净零能耗建筑工程示范为载体，发挥企业主体作用，推动中美两国建筑节能事业的可持续发展。作为项目系列丛书，本书对净零能耗建筑运营调适过程中涉及的相关自动控制理论、专用设备管理工具、针对性研发的能耗监测控制平台和相关专项测试工具进行介绍。

一是研发的房间人员在室预测控制方法和基于自适应学习算法的人行为感应传感器，对净零能耗建筑发展中能耗监测、自动控制技术的研发起到了重要推动作用，在实现能耗得到有效控制的前提下提升人员舒适性。

二是研发的净零能耗建筑专用设备管理工具和能耗监测控制平台，实现了净零能耗建筑环境营造和设备设施高效和个性化管理，基于建筑已有楼宇自动控制系统，通过数据通信接口的开发，实现对建筑暖通空调系统的自动调控和建筑室内设备设施的自动化维护。

三是CERC-BEE一期建成的两栋示范工程通过36个月持续调适，实现建筑物运行能耗较设计阶段能耗控制目标继续降低20%的技术指标，为净零能耗建筑综合示范工程的运行调适和目标保障提供了有力支撑。

同时，本书还对项目支持框架下的净零能耗建筑示范项目，根据不同建设周期和建筑能源系统特点，进行跟踪调适介绍。

本书编著分工为：第1章由张时聪、逄秀锋、吕燕捷编写；第2章由魏峥、刘珊编写；第3章由吴剑林、李怀、李进、吕燕捷、孙德康编写；第4章由魏峥、李怀、吕燕捷编写；

第5章由张文宇、李怀、钟辉智提供；第6章中实际案例分别由李怀、李进、钟辉智、张文宇提供。全书由张时聪、徐伟策划、组织和编写，张时聪、吕燕捷统稿和协调。

由本书为项目系列丛书专辑，旨在总结、推广项目研究成果，推动净零能耗建筑及相关技术深入发展和广泛落地实施，为我国建筑领域实现“碳达峰、碳中和”目标做出贡献，也为中美其他科技合作领域提供借鉴。本书成稿时间仓促，作者水平有限，难免存在遗憾之处，请读者批评和指正。

目　　录

第1章　建筑调适的发展现状与研究进展

1.1　国际建筑调适技术研究进展

调适（Commissioning）一词最早出现在西方的船舶制造工业中，最初是指海军舰艇建造完成后，加入战备值班前所需要进行的一系列操作活动，确保舰艇投入使用后避免出现在使用和操作上的错误[2]。1977年，加拿大公共事务管理局开始对其工程建设项目进行调适，首次将调适的理念运用到建筑工程中。进入20世纪80年代，建筑调适在美国呈现发展势头。第一个项目是1981年迪士尼位于佛罗里达州的未来世界主题公园。该项目的设计、施工以及试运行阶段均采用了建筑调适的概念。在这一时期，伴随着建筑技术的快速发展，传统机电系统的运行管理手段已经无法满足需求，越来越多的业主和住户对建筑的维护费用与舒适性表达出不满。在这样的大环境下，1984年，ASHRAE（美国供暖、制冷与空调工程师学会）成立了暖通空调系统调适指南委员会。1988年，该委员会颁布了ASHRAE第一版的暖通空调系统调适指南，标志着调适的概念被正式引入到建筑行业[3]。

ASHRAE暖通空调系统调适指南第一版公布以后，引起了北美地区建筑行业的广泛关注，由此开始了建筑调适的高速发展阶段[4]。1989年，ASHRAE首次在其年会上专门开辟了建筑调适的讨论专题。同年，美国马里兰州蒙哥马利郡将这一调适指南整合到政府的建设质量控制体系中。1993年，美国第一届建筑调适年会（NCBC）成功举办。同年，美国环境平衡协会（NEBB）建立了美国第一个建筑调适服务商的资质认证体系。从1993年开始，越来越多的政府及民间组织开始将建筑调适付诸实践，制定并发布了一系列的行业规范以及技术导则。1994年，美国政府行政命令12902要求所有的联邦机构必须针对所管理的建筑制定相应的建筑调适计划。1996年，ASHRAE发布了第二版的暖通系统调适指南。1998年，美国绿色建筑委员会（USGBC）在其绿色建筑评价体系LEED中，作为先决条件项引入了建筑调适，成为推动建筑调适发展的重要里程碑。同年，建筑调适协会（BCA）作为一个国际性的非营利组织应运而生，其宗旨是引导整个建筑调适产业的发展，推动建筑调适技术、培训、资质认证以及评价体系的整体发展，对规范整个行业起到了关键的作用。

20世纪90年代中后期的另一个里程碑，是建筑调适在既有建筑中的应用。虽然早在1988年，在美国得克萨斯州的LoanStar计划中就启动了既有建筑调适项目，但是，直到20世纪90年代中后期，既有建筑调适才得以真正发展。1995年，美国国家环保局（EPA）联合能源部（DOE）启动了5个既有建筑调适的示范项目。1996年，美国能源部的联邦能源管理计划又在西雅图市启动了另一个既有建筑调适示范项目。同年，田纳西州开始在州政府所属的所有建筑中实施既有建筑调适。20 世纪 90 年代后期，美国电力公司在推广既有建筑调适中扮演了重要角色，相继推出了既有建筑调适的激励政策，这其中包括波特兰通用电力公司（Portland General Electric）、芝加哥的联合爱迪生电力公司（Commonwealth Edison Company-ComEd）以及加利福尼亚州萨克拉门托市公用事业电力公司。

进入 21 世纪，建筑调适开启了全面发展的阶段，其标志是外延范畴的扩大和既有建筑调适的快速发展。政府推动力度空前，美国联邦政府机关事务管理局规定其管辖的所有新建建筑与改建项目必须进行全过程建筑调适。加利福尼亚州和华盛顿州将建筑调适纳入地方的建筑节能规范中。纽约市政府要求 4600m^2 以上的公共建筑必须每 10 年做一次既有建筑调适。在此阶段，建筑调适的技术标准与导则同时得到不断完善，原有的指南逐步开始更新版本，新的标准与导则也逐个问世。建筑调适的对象也逐渐从传统的暖通空调系统，扩展到建筑围护结构、照明及其控制系统以及可再生能源系统；从设备的单机调适，延伸到整个机电系统的联合系统调适。

2001 年，国际能源组织（IEA）建筑与社区能源项目（EBC）推出了课题 40（Annex 40），旨在测试与开发一系列的建筑调适技术与工具，包括建筑调适的指南以及软件。该课题于 2004 年完成，并发布了结题报告。ASHRAE 也不断完善和更新其系列建筑调适指南，包括 ASHRAE 指南 0、指南 1.1 和指南 1.5。与之相对应，美国国家建筑科学研究院（NIBS）于 2012 年发布了建筑行业的第一个建筑围护结构的指南-NIBS 指南 3，国际照明学会（IES）于 2011 年发布了第一个照明及其控制系统的调适指南。国际节能标准 IECC2012 版本要求对暖通空调设备、照明系统和控制系统进行调适。ASHRAE 于 2013 年发布了其第一个建筑调适标准——ASHRAE 202-2013。

既有建筑调适的技术与规范，也有了长足的进步，更多的电力公司加入既有建筑调适的推广中来，激励政策不断完善，财政补贴的力度不断加大。旧金山地区的太平洋燃气与电力公司（PG&E）的节能补贴达到了 0.1 美元/kWh。2004 年，美国绿色建筑委员会设立了 LEED 既有建筑评价体系，既有建筑调适成为其评价的先决条件项。

建筑调适的重要性在美国等发达国家已得到充分重视，已成为提高建筑实际性能的一个重要手段，相应的研究工作已开展 40 多年。美国能源部、ASHRAE、建筑调适联合会、波特兰节能研究院（PECI）和加利福尼亚州调适联合会等组织都在此方面进行了大量研究和工程实践，制订了相对完善的标准与规范、调适工具与模板，建筑调适正在很大范围内迅速发展成为一种标准的工作程序和技术体系。

1.2 我国建筑调适技术研究发展历程

随着 20 世纪 80 年代我国的改革开放，以及我国建筑领域相关技术的发展要求，建筑调适相关概念由西方进入我国。但这几十年来，在工程实际应用方面并没有较为明显的发展，尽管建筑调适已经引起国内建筑行业专家们的重视，但缺乏相应的系列化标准进行指导，相关概念还未被业主广泛接受，也未建立相应的技术规范，亟需在此方面开展研究与实践。

我国建筑“调适”理念的雏形，可以追溯到20世纪70年代哈尔滨工业大学（当时的哈尔滨建筑工程学院）郭骏教授带领的团队开展的供热系统“调试”。1978年哈尔滨油漆化工厂锅炉汽改水改造项目中，郭骏教授首次提出并实施了该锅炉系统的调试。该“调试”理念随后在1982年的哈尔滨师范大学以及1986年的哈尔滨嵩山小区供热系统设计、建造及运行过程中，得到进一步完善。

受到英国的影响，我国香港建筑行业较早地接触到了调适的相关概念。1990年前后，香港相关部门发布了12本调适规范的系列手册。2004年，香港推出了自愿性质的“整体环境绩效评价计划（CEPAS)”，旨在推动环保型建筑的建设。该计划将建筑调适列为评价的一项重要指标[5]。

空调系统调适的理念和方法在我国的引入始于20世纪90年代清华大学与日本名古屋大学中原信生教授的交流与合作。清华大学朱颖心、夏春海等与日本山武公司合作，以北京某高档写字楼变风量空调系统改造工程为对象，较为全面地对其实施了既有建筑空调系统改造与调适过程，并以此为例，在国内介绍了既有建筑空调系统实施调适的步骤，以及实施过程中业主、咨询方、控制公司和设计单位的相互关系，从能耗状况出发分析了变风量空调系统调适的实施效果，并在实测分析的基础上提出了对该工程进行进一步调适的必要性，从中总结了对既有建筑空调改造工程开展调适的方法。

2008年以前，“Commissioning”一词在我国建筑行业一直翻译为“调试”。2008年4月在上海举办的中国制冷展上，时任ASHRAE主席Kent W. Peterson作题为“Commissioning to Improve Building Performance”的报告，担任翻译工作的清华大学李先庭教授认为“Commissioning”翻译为“调试”不准确，因此，在交流会上用“调适”来解释“Commissioning”的概念。此后，“调适”一词逐渐被行业所接受。

自2008年开始，中国建筑科学研究院在建筑机电系统的调适方面展开了大量研究、应用和积累。2010年以国外标准规范为指导，结合自身的研究积累，完成了我国第一个机电系统调适项目——杭州西子湖四季酒店。并同加拿大四季酒店集团展开合作，先后陆续完成了北京四季世家公寓和酒店项目、广州国际金融中心（广州西塔项目)、深圳四季酒店等项目。

2011年由中国建筑科学研究院负责的中美清洁能源联合研究中心建筑节能合作项目“先进建筑设备系统技术的适应性研究和示范课题”顺利开展，建筑暖通空调系统的调适是该课题的主要组成部分。2014年，由美国劳伦斯伯克利国家实验室、住房和城乡建设部科技发展促进中心及中国建筑科学研究院牵头，联合多家科研院所、高校和企业，在中美清洁能源研究中心建筑能效联盟的科研合作项目设立了建筑调适专项课题。中美双方的科研团队在此平台上开发适应中国的建筑调适技术导则与调适技术。至此为止，标志着我国建筑调适技术体系应用示范已取得了一定的实践经验和技术支撑。

2014年调适首次出现在行业标准《变风量空调系统工程技术规程》JGJ 343—2014中；国家标准《绿色建筑评价标准》GB/T 50378—2014中，在其运行评价的施工管理指标的评分项中，引入了建筑调适的内容；随后在行业标准《绿色建筑运行维护技术规范》JGJ/T 391—2016 中，增加"综合效能调适与交付"一章的内容。这些标准规范的发布和实施，对我国建筑调适的发展起到了积极的推动作用。

2017 年 11 月，中国建筑节能协会建筑调适专业委员会（2020 年 4 月更名为建筑调适与运维专业委员会）成立，成为我国建筑调适发展的里程碑。

1.3 净零能耗建筑调适关键要点

相较于传统建筑，净零能耗建筑有着更明显的地域化差异和建筑用能供能系统更加复杂多样化的特点，在不同气候区展现出不同的技术侧重点，其中公共建筑由于建筑类型多样、建筑规模跨度大、建筑用能强度和系统形式较居住建筑而言更加复杂，因此本书主要围绕净零能耗公共建筑的调适技术进行探讨。

1.3.1 标准规范

我国现行的工程建设标准普遍将设计与施工分割开来，缺乏一个将整个工程建设过程贯穿起来的机制。现行的设计规范，未考虑施工和运行对设计造成的影响；施工规范以质量和造价把控为主，没有对运行效果进行约束，特别是缺乏对设备及其系统的调适，无法获知实际运行效果以及判断施工与设备订货是否真正满足设计要求，对项目的建设和节能运行不利，无法真正实现结果导向的目标。

建筑调适正可弥补这一缺失。按照北美地区的发展经验，制订建筑调适相关标准规范是推动建筑调适健康有序发展的第一步，也是最重要的一步。近年来，我国在调适相关标准的制订和立项上有了一定的进展。表 1-1 给出了目前我国已发布和在编的与调适相关的标准。从表 1-1 中可以看到，目前建筑行业还没有发布名称中含有"调适"的标准。已发布的相关标准均是内容中包含"调适"，其中包括《绿色建筑评价标准》《近零能耗建筑技术标准》等影响力较大的国家标准等。这也从一个侧面反映出建筑行业对"调适"理念的认知和认可度在不断增加。然而，由于还没有以调适为对象的工程建设通用标准，已发布的含有"调适"内容的标准对调适的定义存在差异，且对调适的工作程序与技术方法规范不足，难以真正实现调适的价值。反观美国，其第一个以建筑调适为对象的标准是 ASHRAE 于 1988 年发布的建筑调适导则，此后经过近十年的完善，在 1996 年发布了第二版的建筑调适导则。其后才有了美国绿色建筑委员会（USGBC）1998 年在 LEED 中引入建筑调适；ASHRAE Standard 90.1（ASHRAE 制订的公共建筑节能标准）也是在其 2004 版才加入了建筑调适的要求。因此，尽快完善建筑调适标准体系，是未来 5 年我国建筑调适发展的重中之重。一方面要加快建筑调适主体标准的制定，另一方面是要处理好建筑调适主体标准与其他相关标准的协调与融合。

目前以调适为对象的在编调适标准有两个：一个是中国工程建设标准化协会标准《公共建筑机电系统调适技术导则》，另一个是上海市地方标准《既有公共建筑调适标准》。前者针对新建公共建筑，已完成报批稿，预计 2022 年年底前发布；后者则针对既有公共建筑，已完成初稿，预计2023年年中发布。这两个标准相辅相成，比较全面地规范了公共建筑全生命周期内调适的工作流程与技术方法，对我国建筑调适标准化进程将起到积极的作用。希望通过这两个标准的出台，能够带动更多经济发达省份制订调适标准，经过一定的项目示范与积累，尽早制订行业乃至国家层面的建筑调适标准。

我国调适相关标准汇总 表1-1

类别	已发布	在编
标准名称含“调适”	无	中国工程建设标准化协会《公共建筑机电系统调适技术导则》； 中国工程建设标准化协会《地铁节能调适与运行维护技术规程》； 中国勘察设计协会《暖通空调系统调适设计导则》； 北京市住房和城乡建设委员会《北京市大型公共建筑机电系统调适导则》； 上海市住房和城乡建设委员会《既有公共建筑调适标准》； 四川省土木建筑学会《四川省公共建筑机电系统调适技术标准》； 广东省太阳能协会《建筑光伏智能微电网系统调适技术指南》
标准内容含“调适”	《绿色建筑评价标准》GB/T 50378—2019； 《近零能耗建筑技术标准》GB/T 51350—2019； 《绿色建筑运行维护技术规范》JGJ/T 391—2016； 《空调通风系统运行管理标准》GB 50365—2019； 《变风量空调系统工程技术规程》JGJ 343—2014； 住房和城乡建设部《公共建筑能源审计导则 2016》； 《建筑节能基本术语标准》GB/T 51140—2015； 《公共机构办公区节能运行管理规范》GB/T 36710—2018； 《既有建筑绿色改造技术规程》T/CECS 465—2017； 北京市《绿色建筑评价标准》DB11/T 825—2021； 上海市《绿色建筑评价标准》DG/TJ 08-2090—2020； 《四川省绿色建筑运行维护标准》DBJ 51/T092—2018； 河北省《绿色建筑运行维护技术规程》DB13（J）/T 216—2016； 《福建省绿色建筑运行维护技术规程》DBJ/T 13-263—2017； 深圳市《绿色建筑评价标准》SJG 47—2018； 青海省《公共建筑能源审计导则》DB63/T 1598—2017	国家标准《医院建筑运行维护技术标准》； 中国工程建设标准化协会《区域供冷供热系统应用技术规程》； 中国建筑节能协会《地源热泵系统运行技术规程》； 中国工程建设标准化协会《既有工业建筑民用化绿色改造技术规程》； 中国工程建设标准化协会《既有办公建筑通风空调系统节能调试技术规程》（暂定名）； 上海市住房和城乡建设委员会《公共建筑节能运行管理标准》； 住房和城乡建设部《绿色建造技术导则》

1.3.2 市场

根据中国建筑节能协会建筑调适与运维专业委员会对主要技术服务企业以及业主的市场调查，2019年全国签订的新建建筑调适相关的工程咨询服务合同额约在3亿元（未包含港澳台地区），涉及的建筑面积约5000万m^2，平均单位面积收费约6元/m^2。需要说明的是，所有参与调查的新建建筑调适项目服务内容，都只是调适服务内容的一部分，以综合性能检测、节能验收、风系统和水系统平衡以及机电顾问服务为主，真正从设计甚至规划阶段介入，涵盖整个设计、施工、验收、运行和培训的新建建筑调适项目很少。

2019 年全国签订的既有建筑调适的项目金额不足 1000 万元，涉及的建筑面积约 200 万 m^2，平均单位面积收费约 5 元/m^2。调查问卷中给出的既有建筑调适项目的定义是：以系统优化为主，改造为辅，项目静态投资回收期小于 4 年；或者以解决既有建筑舒适性、设备可靠性等问题为目标的工程项目。

项目所涉及的建筑类型占比如图 1-1 所示，几乎涵盖了所有的公共建筑类型，其中办公建筑和商业综合体占了 46%。

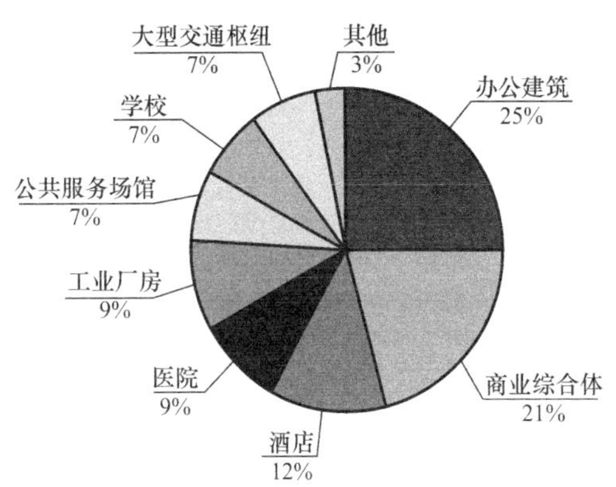

图 1-1　调研项目建筑类型占比

从业主的反馈来看，其对建筑调适的价值是认可的，调适过的项目在机电系统的功能、性能以及室内舒适性等方面，较之未调适的项目确实有改进。然而，由于我国目前的工程建筑体制中还没有“调适”这一环节，对于调适顾问的职责以及权限，都没有清晰地界定，也导致了建筑调适尚未完全体现出其预期的价值。

在“调适服务推广的障碍”的问题中，46.3%的回复选择了“调适项目资金来源”；17%认为是“业主对调适服务内容与价值不了解”；16%认为是“调适的价值难以量化，效果难以验证”，这一选项主要是针对新建建筑调适项目，尤其是那些非节能性收益，例如减少返工与工程变更、设备选型更合理等；在 17%的回复其他的原因时，主要提到的是与现有工程建设体系相悖以及业主不重视。

在“对建筑调适产业化发展的建议”的回复中，最多的是相关政策法规的支持，以及区别于传统“调试”，将调适作为技术服务的一种新的方式，增加到建筑工程概预算的取费标准中。

关于建筑调适未来几年的市场前景，调研收到的十几个建设方的回复中，有 50%表示在未来一到两年会在商业项目中考虑调适技术服务；12.5%表示不会考虑；37.5%不确定。从这一结果看，未来几年建筑调适的市场前景是乐观的。然而，在建筑调适市场发展的过程中，要警惕一个关键问题，就是如何平衡好发展速度与质量。

首先，从调研结果看，目前我国建筑调适服务的取费偏低。以新建建筑调适为例，根据美国劳伦斯伯克利国家实验室 2018 年关于美国建筑调适成本与收益研究的初步结论[6]，美国新建建筑调适费用中位数为工程建设费用的 0.25%，这一比例的 25%和 75%百分位数分别为 0.14%以及 0.46%，建筑面积越大，取值越低。参考这一标准，按照我国目前大型公共建筑平均工程建设费用 6000 元/m^2 计算，我国建筑调适服务的平均取费应在 15.0 元/m^2，取费范围在 8.4～27.6 元/m^2。而目前的调研结果显示，我国建筑调适服务的平均取费仅为 6 元/m^2，不到参考价格的一半。这一现象的直接后果就是建筑调适服务质量的下降，造成恶性循环。更不愿意看到类似LEED项目中“文书化”调适的出现。

其次，是建筑调适技术人才的短缺。从调研结果反馈看，大多数的调适服务企业表示难以招聘到合格的建筑调适技术人员，专业技术人员严重不足。这主要是由两方面原因造成的：一是建筑调适引入我国时间短，高校以及职业技术学院还没有针对调适领域的课程和培训；二是建筑调适对技术广度以及工程经验的要求较高，短期内无法快速培养出合格的建筑调适技术人员。解决这一问题目前主要有两个方向：一是加快建筑调适领域人才的培养；二是与现代信息技术相结合，利用人工智能等技术，降低建筑调适对技术人员的专业要求。

综上所述，我们既要保持建筑调适的发展势头，又要避免“大跃进”式的市场化进程，应脚踏实地的一步一步推动建筑调适的市场发展。

1.3.3　政策法规

政策法规的作用是在合理的范围内，规范市场化行为，推动市场健康有序发展。利用政府的管理职能，引导市场健康有序的发展。近年来，国家层面建筑调适相关的政策仅有2017年6月住房城乡建设部和银监会联合发布的《关于深化公共建筑能效提升重点城市建设有关工作的通知》。该通知在重点任务之一的“强化公共建筑用能管理”中，明确提出了“实行公共建筑能源系统运行调适制度”。

基于上述通知要求，作为国家公共建筑能效提升重点城市之一的上海市，率先开展了建筑调适的相关工作。经过前期的积累，上海市在2019年11月将《既有公共建筑调适标准》纳入2020年上海市工程建设规范编制计划中。2020年4月上海市发布《上海市绿色建筑管理办法（草案）》，向社会公开征求意见。该管理办法第三十三条要求“对于能耗超过能耗定额的建筑，建筑物所有权人（使用权人）或物业服务企业应当通过建筑调适、节能改造等手段降低建筑能耗”。上海市同时将建筑调适推广，纳入到对区县住房城乡建设部门的考核中。上海市长宁区更是早在2018年6月就在《长宁区低碳发展专项资金管理办法》中规定，对“采用调适、用能托管等建筑节能管理新模式的公共建筑低碳项目，……，单位建筑面积能耗下降10%及以上的，每平方米受益面积补贴10元。”

上海市一系列的支持政策，对当地建筑调适的发展意义重大，作用也逐渐显现出来。目前，既有建筑调适项目，90%以上是在上海。在新建建筑调适项目中，上海所占比例也是全国第一。我们期待，其他城市能借鉴上海的发展经验，通过政策支持等方式，推动本地建筑调适的发展。

1.3.4　技术与科研

建筑调适在我国尚处于发展的初级阶段，真正意义上的建筑调适工程项目还非常有限。已实施的调适类工程项目，也多是参照国外的标准与技术体系，以“手动”完成检查清单为主，复杂机电系统的联合调适基本是边摸索边前进。国外建筑调适经过40多年的发展，目前的技术体系已经非常成熟，建筑调适工具齐全，基于3D激光扫描技术、BIM技术以及物联网技术的调适工具已投入使用。

建筑调适技术体系的建立以及调适辅助工具的研发，将直接影响未来建筑调适在我国的规模化应用。因此，在“十三五”期间，国家层面科研投入1488万元支持相关科研，包括一个“公共机构高效节能集成关键技术研究”项目，和“既有公共建筑性能提升与改造关键技术”项目中的一个课题“既有大型公共建筑低成本调适及运营管理关键技术研究”，旨在建立我国的建筑调适技术体系和开发调适辅助工具。

“公共机构高效节能集成关键技术研究”项目由中国建筑科学研究院有限公司牵头，主要针对公共机构普遍存在的多能源系统优化配置设计方法欠缺、综合效能调适体系未建立、基于实际数据的优化运行技术不完善等系列问题，以建立公共机构建筑全过程高效节能技术体系、提高整体能源利用率为目标，以供应侧优化配置和需求侧优化运行为途径，形成覆盖能源系统规划、设计、建造、运行全过程的高效节能集成关键技术，并进行应用示范。主要成果包括：基于实际使用效果的新建建筑调适体系、机电系统综合效能调适工具包、机电系统联合运行调适工具、机电系统综合效能调适软件平台、空调水系统水力热力动态评估调适工具以及既有公共机构建筑机电系统调适技术示范等。

“十四五”时期，期待国家能继续重视建筑调适行业的发展，增加在建筑调适领域的科研投入。结合建筑调适未来的发展，笔者提出建筑调适领域未来十年科研的重点方向：

（1）以结果为导向的工程建设技术体系；

（2）基于建筑物联网与大数据的自动调适技术；

（3）基于BIM平台的调适运维关键技术；

（4）人工智能协同的调适与运维技术。

第 2 章　净零能耗建筑运行调适技术体系

2.1　建筑运行调适定义

建筑行业中的调适（Commissioning，以下简称 Cx），源于欧美发达国家，属于北美建筑行业成熟的管理和技术体系。Cx 主要通过对设计、施工、验收和运行维护阶段的全过程监督和管理，保证系统投入运行后的实际运行效果满足设计和用户的使用要求，系统实现安全、可靠、高效的运行，避免由于设计缺陷、施工质量和设备性能问题，影响建筑的正常使用，甚至造成系统的重大故障。Cx 作为一种建筑工程质量保证体系，包括调试和优化两重内涵，是保证建筑系统实现安全、可靠和优化运行的重要手段。

Cx 一般始于方案设计阶段，贯穿图纸设计、施工安装、单机试运转、性能测试、运行维护和培训各个阶段，确保设备和系统在建筑整个使用过程中能够实现设计功能和高效运行。

不同的标准中对调适的含义有不同的解释和定义，ASHRAE 指南 1-1996 中将 Cx 定义为："以质量为向导，完成、验证和记录有关设备和系统的安装性能和质量，使其满足标准和规范要求的一种工作程序和方法。"或定义为："一种使得建筑各个系统在方案设计、图纸设计、安装、单机试运转、性能测试、运行和维护的整个过程中，确保能够实现设计意图和满足业主使用要求的工作程序和方法。"我国的《建筑节能基本术语》GB/T 51140—2015 中给出的对建筑"用能系统调适"的定义为："通过在设计、施工、验收和运行维护阶段的全过程监督和管理，保证建筑能够按照设计和用户要求，实现安全、高效的运行和控制的工作程序和方法。"总体来说，机电系统调适的内涵可以归纳为以下四点：

（1）调适是一种过程控制的程序和方法；

（2）调适的目标是对质量和性能的控制；

（3）调适的目的是实现跨系统、跨平台的协调与协同，以共同实现建筑的功能；

（4）调适的重点从设备扩充到系统及各个系统之间。

建筑调适按建筑不同时期可分为新建建筑调适和既有建筑调适。其中新建建筑调适侧重于对设备和系统性能以及控制功能的测试和验证，确保系统投入使用后的正常运行。既有建筑调适侧重于对现有设备和系统运行缺陷的诊断和评估，并根据诊断和评估结果提出改善性能的建议，实现系统高效运行。

新建建筑调适按调适的对象又分为特定系统调适和整体建筑调适。

（1）Commissioning（Cx）：这是最常见的新建建筑的调适类型。在这个工作过程中，建筑的某些特定系统（如常见的机电系统：暖通空调系统）将通过调适过程，记录设备及其所有子系统和配件的方案、设计、安装、测试、执行以及维护是否能达到业主项目需求（OPR）。

（2）整体建筑调适 Total Building Commissioning（TB-Cx）：这个过程涉及调适过程新的定义，主要是关注所有建筑系统的整体运行情况，如建筑外围护结构、暖通空调系统、变配电系统、火警消防系统、安保系统、通信系统、管道系统等。它一般是在项目的早期阶段（比如方案设计阶段）就开始，一直持续到建造完工并且至少持续到移交使用后的一年。

既有建筑调适又分为三种类型：

（1）既有建筑调适［Retro-commissioning（Retro-Cx）］：指对于没有进行过调适的既有建筑进行调适的过程。在这个过程中，通过对目前建筑各个系统进行详细的诊断、评估、提升，解决系统存在的问题，降低建筑能耗，提高整个建筑运行水平。Retro-Cx 主要关注运行维护（O&M）中的问题，并通过简单有效的措施来解决问题。

（2）周期性调适［Re-Commissioning（Re-Cx）］：指对已经做过调适的工程进行周期性调适。在这个过程中，需要对目前的建筑问题进行详细的诊断。诊断结果将会被用来调整和完善建筑系统而且提高整个建筑运行状况。它与 Retro-Cx 的区别在于既有建筑是否进行有计划的周期性调适。

（3）连续调适［Continuous Commissioning（CC）］：也称为“基于监控系统的调适”：是由得克萨斯州 A&M 大学能源系统实验室的工程师首先提出，用以描述通过持续测量能源使用和环境数据的过程，以改善建筑物的运行。“连续调适”除了使用标准的 RCx 实践外，还使用楼控系统和相应软件为建筑物内的系统提供实时运行数据。与传统的调适相比，这种方法能实现更好的节能效果。

连续调适是一个持续的过程，可以通过对从基准到运行数据的持续监控来评估建筑的能源绩效。这是解决运行优化问题、提高室内舒适度、优化商业建筑性能的有效方法。由于此方法专注于系统控制和优化，因此可以在项目的整个生命周期中持续实现节能。

2.2 运行调适标准流程及权责

调适可以从项目的规划设计阶段开始，也可以从施工后期开始。从保证实际使用效果的角度考虑，调适工作宜从项目方案阶段开始，涵盖设计、施工和运营全过程。在设计阶段，调适顾问将调适要求在设计中予以体现；施工过程中，调适顾问负责检查设备的安装；在验收阶段，调适顾问协同整个调适团队进行严格的性能测试；在调适结束与交付时，调适顾问将会提供系统调适运行过程中形成的全部文档，并对整个物业进行建筑运行与维护的培训。

但是从以往调适项目案例来看，目前大部分调适项目均是从施工阶段开始介入的。施工阶段调适是调适工作具体实施的重要阶段，按照调适的具体工作内容，施工阶段的调适可以分为调适预检查、检查、性能调适、联合调适、交接培训和季节性验证六个阶段，具体调适流程如图 2-1 所示，各阶段主要调适工作如下：

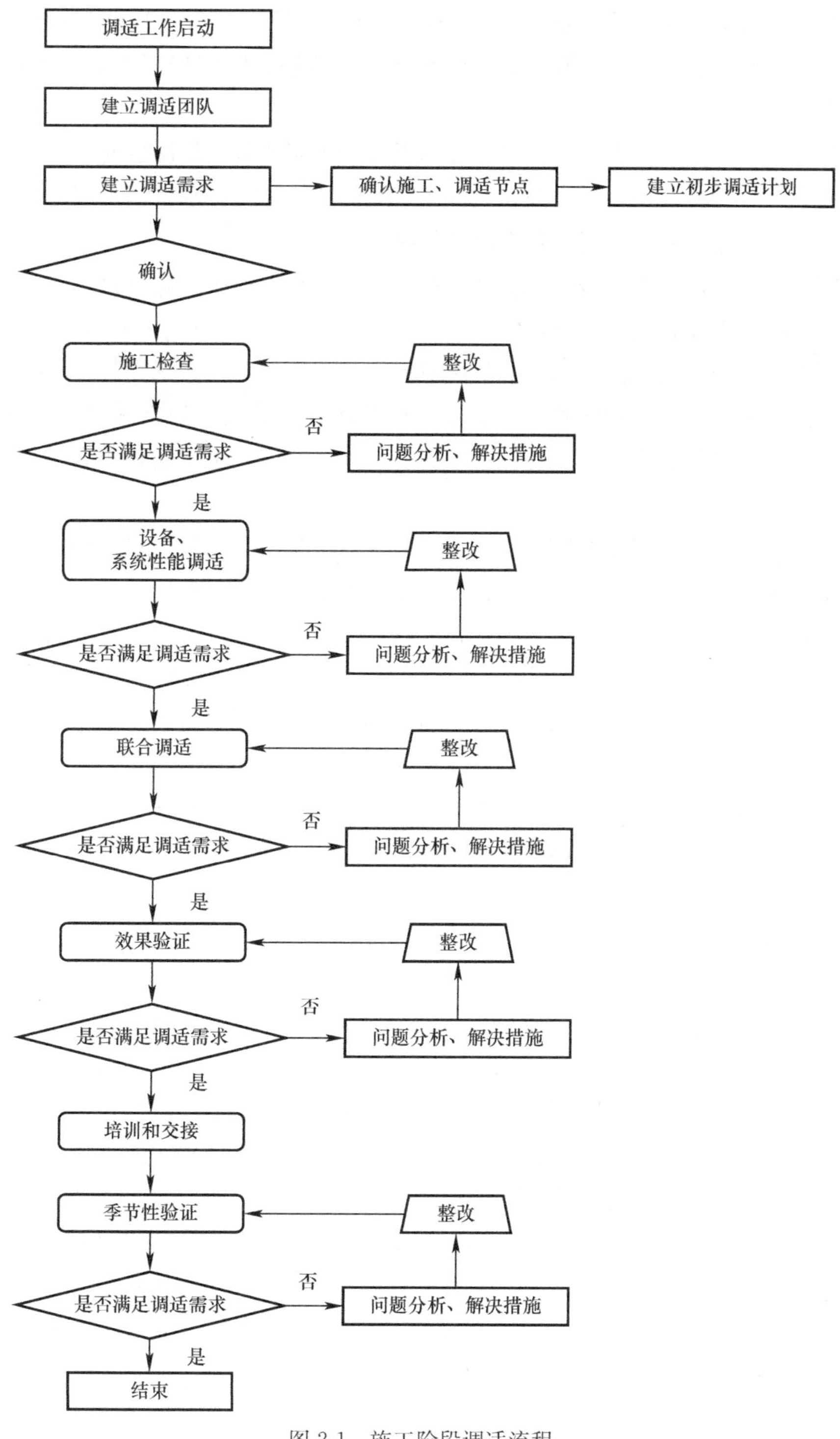

图 2-1　施工阶段调适流程

1. 调适预检查阶段

对于施工阶段开始的调适项目，在调适工作正式开展之前应开展机电系统的预检查工作，预检查的内容主要包括基于调适工作整体实施要求的设计图纸核查以及自控系统设计方案核查等，目的是将设计阶段和施工阶段进行有效衔接，并在此基础上建立调适需求书，确定后续各项调适工作的时间计划、组织调适团队制定完善控制方案、逻辑及策略。预检查阶段重点关注以下内容：

（1）调适需要负荷计算书、水力平衡计算书等是否完整且满足调适要求。

（2）调适所需要设备表、系统图、大样图、平面图等是否完整且满足调适要求。

（3）静态、动态平衡调节装置是否设置且满足要求。

（4）控制方案是否完善、深度是否满足调适要求，相关系统控制逻辑是否合理等。

（5）各分项工程计划进度是否提供。

2. 调适检查阶段

检查阶段根据工程进度和业主需求确定检查的次数和时间，如空调水系统安装阶段、风系统安装阶段、设备安装阶段、自控系统安装阶段等。检查主要包括符合性检查和缺陷检查。

符合性检查包括设备型号参数是否符合设计要求，功能段设置、设备隔声减振设施等是否符合规范要求，相关部件安装是否符合规范要求等。

缺陷检查包括施工缺陷和功能缺陷两类。施工缺陷如风管瘪管、风管漏风、阀门漏装、减振措施不到位等，这些缺陷会影响系统的正常运行和安全性；功能缺陷如风机反转、管道安装位置不当、设备及主要部件未留检修空间、传感器安装位置不当等，这些缺陷会影响设备检修、系统调节、控制功能及使用效果。

调适检查是为了保证整个调适工作所需的资料充分完备、现场系统设备的安装符合设计要求、施工质量无明显缺陷。调适检查包括对所有相关系统和设备的资料审查、符合性检查和施工缺陷检查。

3. 设备及系统性能调适

设备系统性能调适包含单机试运转、设备及系统性能调适、系统平衡调试。

单机试运转的调适工作主要包括配电、管路安装、安全防护等试运转条件检查确认；设备启动、运行及停机功能、设备及辅助部件状态检查，确认设备正常运转。单机试运转的目的是考核单台设备的机械性能，确保设备的正常、稳定运行，是设备性能调适的必要前置条件。单机试运转前应对调适预检查的结果进行核查，确认调适预检查工作已完成。

设备性能调适工作主要包括不同工况设备性能参数测试、调整、问题诊断，最终满足设计的要求，不同的设备应根据自身特点制定专项调适方案。设备性能调适的目的是确保单个设备的性能和功能达到设计要求，是开展系统平衡调试、确保系统综合效果的必要前提条件。设备性能调适应在单机试运转完成并符合要求后实施，应制定性能调适专项方案，明确额定参数、调适工况和判定原则等。

系统平衡调试主要针对供暖、通风及空调系统，包括水系统和风系统平衡调试。系统平衡调试的目的是确保风系统、水系统按照设计合理分配各末端的风量和水量。调试完成后，系统性能（总风量、各末端风量、总水量、各末端）应满足设计或规范要求。系统平衡调试主要针对静态系统，具体包括组合式空调机组、新风、送排风机等设备组成的风系统的平衡调试，以及冷水系统、冷却水系统、供热热水系统的平衡调试。

4. 联合调适

联合调适在机电系统相关自控系统安装完成后实施，主要工作内容包括控制器、执行器准确性验证、控制功能验证、逻辑验证、系统联动、优化控制效果验证等。

联合调适的目的是通过对暖通空调系统联合运行时各项功能和系统综合效果的验证，确保整个暖通空调系统的运转情况良好、各项功能均可以正常实现，确保最终的使用效果。联合调适包括楼宇自控系统功能验证、综合系统功能验证和系统综合效果验证。

5. 交付和培训

项目交付阶段应组织对业主方和物业团队进行系统培训。培训人员包括设备、部件供应商、弱电分包商、调适顾问，培训组织方应制定培训计划，确定每次培训的内容、培训人员、时间安排。

6. 季节性验证

季节性验证主要是针对供暖空调系统，该工作延伸到运行阶段，验证的季节应包括供暖季、供冷季和过渡季，根据工程所在地的气候特点，这个时间可以从半年到一年不等。季节性验证工作主要基于楼宇自控系统的监测和运行记录开展，主要工作包括：

（1）设备能力、系统性能评估和控制功能的验证，判断是否满足调适需求书和实际使用的要求。

（2）典型区域综合效果测试验证，判断是否满足设计和使用要求。

（3）现存问题的诊断和精细化调适。

（4）设备和系统的性能提升和优化运行。

季节性验证的目的是对整个供暖空调系统实际运行效果的验证，包括验证系统在满负荷、部分负荷工况下的供热能力、供冷能力、室内环境的实际运行效果、暖通空调系统的调控性能和系统能效。根据供暖空调系统的特点，本阶段工作一般至少包括两个季节：制冷季和供暖季。根据系统的特性可增加过渡季验证。季节性验证包括典型工况下系统运行方式、系统控制功能验证、室内综合效果测试、系统综合能效测试和系统能耗分析。应制定季节性验证方案，验证方案应有针对性，体现出系统的特点，且应全面、详细，具有操作性。

2.3 调适过程关键质量控制

完善的质量控制措施是确保调适效果的关键，应通过调适工作的例会制度、偏离调适目标时的跟踪处理机制、调适过程中的复验和调适完成后的验收，确保调适效果。

1. 例会制度

例会制度应在项目调适启动会上确定，是维持项目调适进程和质量的关键措施。通过会议协调，确定调适过程中的冲突、问题、进度调整等，确保调适团队各方在整个调适过程保持良好的沟通和共识。调适顾问应对例会上讨论的问题进行整理并形成会议记录，记录会议时间、地点、参加会议人员、会议解决的问题、待处理问题的责任方和时间节点。

2. 调适复验

调适复验是对调适结果确认的手段，因此在调适过程中，调适顾问应对调适结果进行复验，复验方法及判定标准应在项目调适需求书中明确。复验前总包方或设备供应商应提供检查、测试、调试等记录文件，复验由调适顾问组织，开展工作前应确定参与复验的单位和具体人员，以便过程中的问题的确认及整改责任落实。对于复验过程中发现的问题，应汇总记录并制定整改措施。整改完成后，应进行第二次复验，直到复验结果满足建设（业主）单位项目需求。

3. 调适验收

建筑机电系统调适完成后，建设（业主）单位应组织验收，并形成验收记录。调适验收宜在所有调适工作结束后进行，实际工程项目为了和其他验收工作保持一致，根据建设（业主）单位要求亦可以在季节性验证前组织验收，完成季节性验证后再补充和完善调适资料。

4. 偏离处理

在实际工程中，不可避免出现调适结果与项目调适需求书要求不一致的情况，当调适结果复验及验收结果与项目调适需求书发生偏离时，应采取必要的整改措施：对调适结果的偏离进行诊断分析，对发现的问题进行整改，再次实施调适，直到调适结果满足需求书的要求；对于难以通过整改达到调适目标的问题，应评估该问题对后续使用和效果的影响程度，并和建设（业主）单位充分沟通，确定是否需要修改项目调适需求书。

在调适具体实施过程中，应严格遵循以下原则：

1. 以最终达标要求为导向，落实调适任务

根据系统配置和设计目标，落实不同维度的调适目标及判定要求。包括调适范围内所有设备性能、能力目标要求，风系统、水系统平衡性要求，传感器、执行准确性要求等，也包括提交计划、成果文件等要求，调适过程中仪器、仪表的要求等。

以该达标要求为导向，落实具体调适工作。确保调适结果满足设计要求。

2. 开展有效技术交底工作，调适工作程序化、标准化开展

调适工作启动前，组织调适团队全体成员进行技术交底工作，使调适工作尽量程序化、标准化开展，技术交底内容包括不限于：

（1）调适达标要求的解读和交流；

（2）调适工作流程，工作模式；

（3）调适的方法；

（4）承包商调适方案的要求；

（5）调适表格、调适记录、调适成果要求；

（6）调适过程中常见问题及处理；

（7）抽验方法及要求；

（8）问题整改要求等。

3. 现场指导和监督，实现全程技术管理

调适团队针对项目安排技术人员全程驻场，对现场调适工作进行示范，并对调适实施

过程中仪器配置、操作方法、调适记录等进行指导和监督，实施全过程技术管理，确保调适工作顺利进行。

4. 调适方案、成果审核，实现调适数据结果全面、有效管理

对承包商调适过程所有文档，包括调适计划、方案、整改报告等进行审核，结合现场监督，对成果的完整性、可靠性、有效性、真实性等进行判断，对于不符合要求的提出整改建议，对整改结果进行再次审核，直到满足要求。

5. 通过结果抽验，确保所有调适结果准确可靠

各阶段调适工作效果评估，以实际抽验、抽测效果作为判定依据，包括安装质量、缺陷整改、设备性能调适、平衡调适、功能调适等。对于不满足要求的，加大抽样、抽测比例，严格整改要求，最终确保各阶段、各系统调适工作达到调适目标。

6. 问题闭环处理

对于调适过程中的问题形成闭环，对于检查发现不符合、设备安装缺陷、性能问题等，应尽快解决。问题处理后，形成问题日志记录整个过程，以问题日志方式记录并跟踪调适工作中所发生问题，此文件由调适单位在调适过程中建立并保管，定期向业主方提交复印件存档，项目结束后，所有调适过程中建立的问题日志将统一归档，并作为最终调适报告的一部分，作为过程资料以供日后系统维修保养以及再调适的参考资料，问题处理流程如图2-2所示。

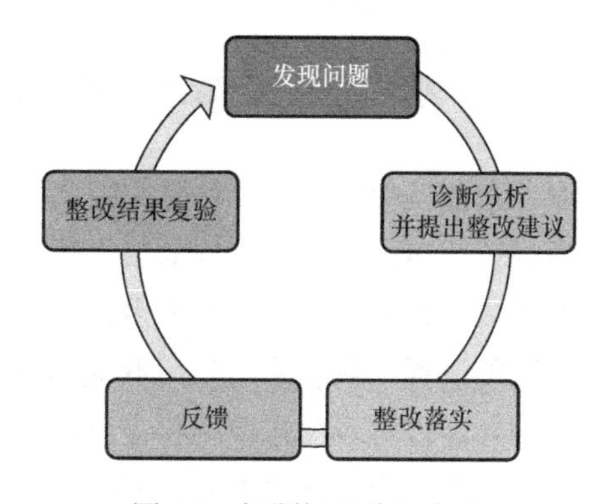

图2-2　问题闭环处理流程

第3章　智能化调适关键技术及工具开发

近年来随着计算机技术的发展，大数据、人工智能等技术已逐渐渗入各个领域。本章采用基于大数据与机器学习算法，将相关算法应用到夏季近零能耗建筑主动式能源系统的优化控制中。进一步挖掘近零能耗建筑的节能潜力，优化设备和系统在不同工况下的运行，开发近零能耗建筑能源系统精细化调试和运行关键技术和工具。实现基于用户使用高舒适性的整体系统的优化运行，进一步降低系统能耗，提高机组效率，延长机组寿命。

3.1　基于历史数据学习的负荷精准预测

本节以中国建筑科学研究院（CABR）近零能耗建筑为实践对象提出基于历史数据学习的负荷精准预测相关技术及方法。分析了空调冷负荷的影响因素，重点介绍了预测模型的输入参数确定，以及基于多元回归算法、基于支持向量回归算法，并确定建筑负荷预测方法的流程。最终采用CABR近零能耗示范楼供冷季的实际运行和监测数据开展此次负荷预测，经过对多项式模型和支持向量机模型为预测模型的预测结果对比，获得最适合此项目的基于历史数据学习的负荷精准预测方法。

3.1.1　建筑负荷分析

由于太阳辐射，室内外温差的传热，室内人体、照明、设备等散发热量，建筑在某一时刻从环境中得到或者失去热量，为了满足建筑室内人员的一个舒适的温湿度环境，通过暖通空调系统向房间提供一定的冷量或者热量，保证这个舒适度。这个冷热量就是建筑的冷热负荷需求。以夏季工况为例，建筑为了维持特定的温湿度环境，需要克服诸多因素带来的热量（图3-1）。

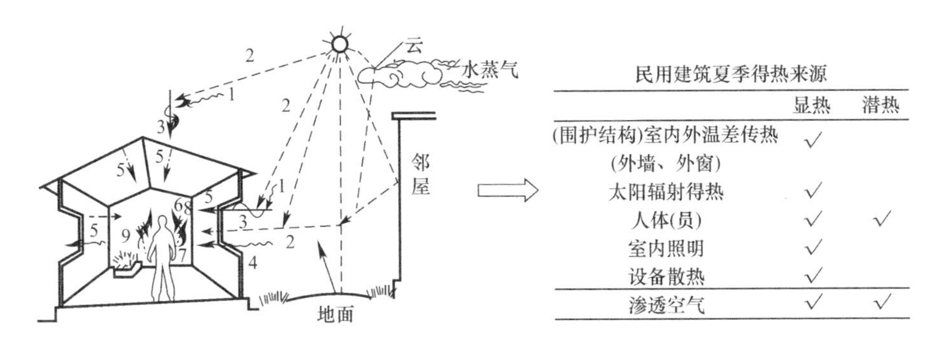

图3-1　建筑室内冷负荷来源

1—气温；2—太阳辐射；3—室外空气综合温度；4—热空气交换；5—建筑内表面对流换热；6—人体辐射换热；7—人体对流换热；8—人体蒸发散热；9—室内热源

由图3-1可见，可以将室内冷负荷大小的影响因素归结为三个方面：

（1）室外气象参数：主要包括室外温度、室外相对湿度、太阳辐照度、室外风速等。

（2）室内环境参数：主要包括室内人员数量、室内设备功率、设备开启情况等。

（3）围护结构参数：主要包括外墙传热系数、外窗太阳得热系数、遮阳系数等。

上述内容分析了空调冷负荷的影响因素，在进行建筑负荷预测研究时，预测模型的输入参数影响着模型精度、计算时间等。因此，针对不同数据集选择合适的空调系统负荷预测输入参数非常重要。

3.1.2 建筑负荷模型的建立

1. 预测模型输入参数的确定

如前所述，影响建筑负荷的因素包括室外气象参数、室内环境参数、围护结构参数，其中室外环境参数可通过气象部门发布的气象信息获取。进一步对气象部门发布的气象信息研究发现，气象信息多为室外温湿度信息，太阳辐射信息较少，获取的难度较大。因此在负荷预测模型建立中，选择室外温湿度参数作为室外环境的输入参数。太阳辐射的影响纳入建筑围护结构参数的考虑中。

室内环境参数主要包括室内人员数量、室内设备功率、室内设备开启情况等，直接获取较为困难，但是这些信息对建筑负荷的影响直接反映到建筑的历史运行能耗中，因此只要有建筑的历史运行能耗数据，内热和建筑围护结构对建筑冷负荷的影响可以间接获得。

基于以上对于影响建筑冷热负荷因素的分析，将历史负荷值作为负荷预测训练的参数之一，使用的历史负荷数据参数为：

（1）1周前对应时刻负荷值（Load_1Week）；

（2）24h前对应时刻负荷值（Load_24h）；

（3）3h前对应时刻负荷值（Load_3h）；

（4）2h前对应时刻负荷值（Load_2h）；

（5）1h前对应时刻负荷值（Load_1h）。

预测模型输入参数类型确定后，需要对关键参数进行处理，消除奇异样本数据可能导致的对结果的不良影响。对所有参数进行归一化处理，归一化公式见式（3-1）。

$$x' = \frac{x - \min(x)}{\max(x) - \min(x)} \tag{3-1}$$

式中 x'——归一化后的x值；

$\min(x)$——数据集x中的最小值；

$\max(x)$——数据集x中的最大值。

基于以上分析，基本确定建筑负荷预测的输入参数如表3-1所示。

暂定负荷预测输入参数　　表3-1

序号	参数	单位
1	室外温度（OutT）	℃
2	室外相对湿度（OutH）	%

续表

序号	参数	单位
3	周次（Day of Week）	
4	小时数（Hour）	h
5	一周前对应时刻负荷值（Load_1Week）	kW
6	24h 前对应时刻负荷值（Load_24h）	kW
7	3h 前对应时刻负荷值（Load_3h）	kW
8	2h 前对应时刻负荷值（Load_2h）	kW
9	1h 前对应时刻负荷值（Load_1h）	kW

2. 预测模型的选择

目前国内外关于建筑负荷预测的方法主要为数理统计方法和基于机器学习算法的预测方法，其中多项式回归算法与机器学习中的支持向量机算法在负荷预测中效果较好。本书选择多项式模型和支持向量机模型为预测模型，基于两种方法对预测结果进行对比，通过两种模型竞争寻优获得最优模型。

下文将详细对基于多元回归算法的负荷预测、基于支持向量机算法的负荷预测中全过程算法进行介绍。

（1）基于多项式回归算法的负荷预测

一般的多元线性回归模型的通用表达式为：

$$y(a,x)=a_0\cdot x_0+a_1\cdot x_1+a_2\cdot x_2+a_3\cdot x_3+a_4\cdot x_4+\cdots+a_n\cdot x_n+b$$

式中 a——系数列表，$a=\{a_0,a_1,a_2,a_3,a_4,\cdots,a_n\}$；

x——输入参数列表，$x=\{x_0,x_1,x_2,x_3,x_4,\cdots,x_n\}$

b——常数项；

y——输出参数。

上述模型中 y 是 x 的线性函数，它一定程度上限制了模型的适用性。为了打破这个限制，这里引入某一基函数对这里的线性模型进行扩展，以输入参数的非线性函数作为基，即 $\phi(x)=\{\phi(x_0),\ \phi(x_1),\ \phi(x_2),\ \phi(x_3),\ \phi(x_4)\cdots\phi(x_n)\}$ 替换原来的 $x=\{x_0,x_1,x_2,x_3,x_4,\cdots,x_n\}$，新的通用多项式表达式为：

$$y(a,x)=a_0\cdot\phi(x_0)+a_1\cdot\phi(x_1)+a_2\cdot\phi(x_2)+\cdots+a_n\cdot\phi(x_n)+b$$

式中 a——系数列表；$a=\{a_0,a_1,a_2,a_3,a_4,\cdots,a_n\}$

ϕ——输入参数列表；$\phi(x)=\{\phi(x_0),\phi(x_1),\phi(x_2),\phi(x_3),\phi(x_4)\cdots\phi(x_n)\}$

b——常数项；

y——输出参数。

本书建立了多个模型，模型中参数权重各不相同，各个输入参数的模型最高项从 1 次至 10 次建立了 10 个模型。假设当进行参数相关性分析后保留的模型输入参数有 6 个时，模型表达式如表 3-2 所示。

模型表达式　　表 3-2

模型名称	多元非线性回归模型表达式
Model_1	$Y_1=f\ (x_1,\ x_2,\ \cdots,\ x_6)$
Model_2	$Y_2=f\ (x_1,\ x_2,\ \cdots,\ x_6,\ x_1^2,\ x_2^2,\ \cdots,\ x_6^2)$
Model_3	$Y_3=f\ (x_1,\ x_2,\ \cdots,\ x_6,\ x_1^2,\ x_2^2,\ \cdots,\ x_6^2,\ x_1^3,\ x_2^3,\ \cdots,\ x_6^3)$
…	…
Model_10	$Y_{10}=f\ (x_1,\ x_2,\ \cdots,\ x_6,\ x_1^2,\ x_2^2,\ \cdots,\ x_6^2,\ \cdots,\ x_1^{10},\ x_2^{10},\ \cdots,\ x_6^{10})$

(2) 基于支持向量机算法的负荷预测

支持向量机算法可以理解为：低维空间的非线性算法，经过维度变换成为高维空间中的一个线性算法。

本书中的建筑负荷预测问题为非线性问题，支持向量机算法为解决这个问题提供了一个很好的思路。该算法中，合适的基变换影响着算法的准确性与速度。支持向量机算法的使用中，有几种常用的基变化，称之为核函数（表 3-3）。

核函数　　表 3-3

核函数	基变换
径向基核函（RBF）	指数变换
线性核函数（Linear）	线性变换
多项式核函（Poly）	多项式变换

研究发现，径向基函数能够很好地将样本集从输入空间非线性映射到高维特征空间，具有良好的处理样本输入与输出之间复杂非线性关系的能力，并且具有参数变量少、参数选取计算量较小和计算效率高等优点。本书选取径向基核函数为支持向量机的核函数。

在进行模型训练时，将原始数据（Data set）按比例分为训练集（Train set）和测试集（Test set），用训练集进行模型训练，测试集代入训练出的模型求解。采用 Hold-Out 进行交叉验证。

该验证只需将数据集按比例随机分为两组，具有处理简单、计算快捷的优点，在本书中，结合 Hold-Out 交叉验证的思想，将获得的历史数据按 3∶1 的比例分为训练集（Train set）与测试集（Test set），即原始数据中 75%的数据作为训练集（Train set），用于实现对模型的训练；剩余 25%的数据作为测试集（Test set），用于评价模拟精度。

常用的模型评价指标包括决定系数 R^2（R-Square）、平均绝对百分比误差 $MAPE$（Mean Absolute Percentage Error）、平均绝对误差 MAE（Mean Absolute Error），它们反映了模型的拟合程度，数值越趋近于 1，代表模型的拟合度越好。

上文完整地介绍了建筑负荷预算的全过程算法，重点介绍了模型的输入参数选择，参数的归一化处理，模型预测算法的选择及判定条件。该方法的基本流程如图 3-2 所示。

3. 负荷预测分析

本书采用 CABR 近零能耗示范楼供冷季的实际运行和监测数据开展负荷预测。采用的数据为 2018 年和 2019 年夏季实际运行数据。

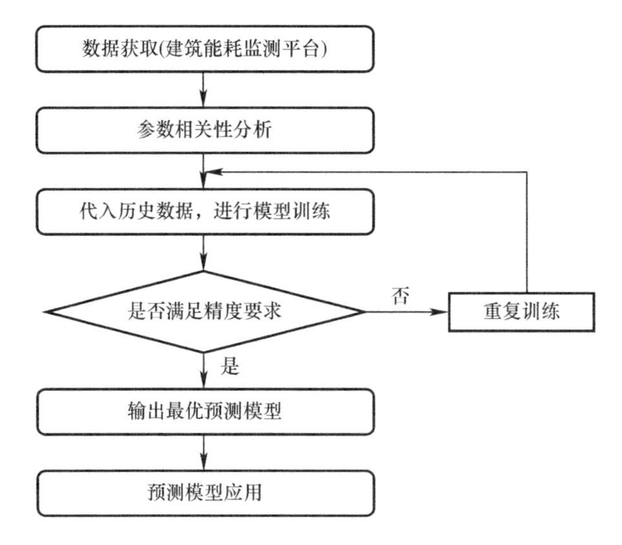

图 3-2　负荷预测流程

基于前文分析，用于建筑负荷预测的参数主要有时间（time）、室外温度（OutT）、室外相对湿度（OutH）、建筑冷负荷值（C-Load）。

在开展建筑负荷模拟计算前，对暂定的输入参数和建筑负荷的相关性进行分析，实现数据降维。对之前确定的9个输入参数与对应负荷值进行相关性计算，计算结果如图3-3所示。

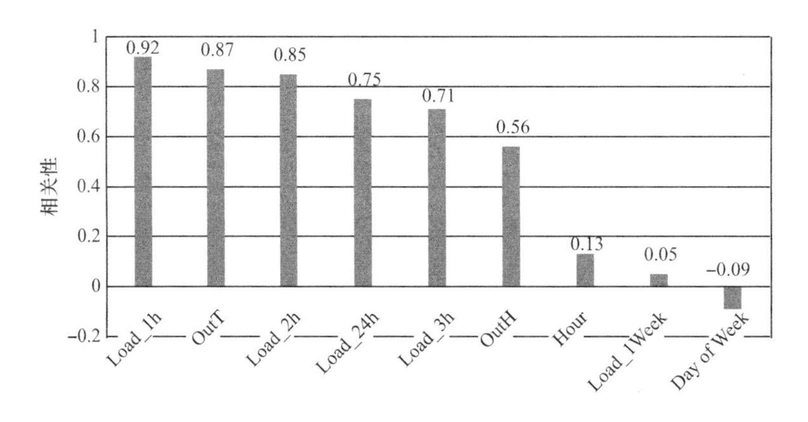

图 3-3　相关性计算结果

由图3-3可以看出，之前预设的作为负荷预测的输入参数中部分参数与负荷的相关性较小，为了提高运算速度，保障算法能够应用于实际工程项目，删减相关性较小的参数，保留相关性较强的参数，最终输入参数如表3-4所示。

最终输入参数　　**表 3-4**

序号	参数
1	室外温度（OutT）
2	室外相对湿度（OutH）

续表

序号	参数
3	24h 前对应时刻负荷值（Load_24h）
4	3h 前对应时刻负荷值（Load_3h）
5	2h 前对应时刻负荷值（Load_2h）
6	1h 前对应时刻负荷值（Load_1h）

（1）多项式模型计算结果

根据以上计算，获取了前文提出的 10 个不同形式的多项式模型，将示范楼实际运行数据代入各个模型进行训练，并用测试值对模型进行验证。计算测试集合预测值之间的 R^2（图 3-4），图 3-5 为预测结果与实际结果对比。

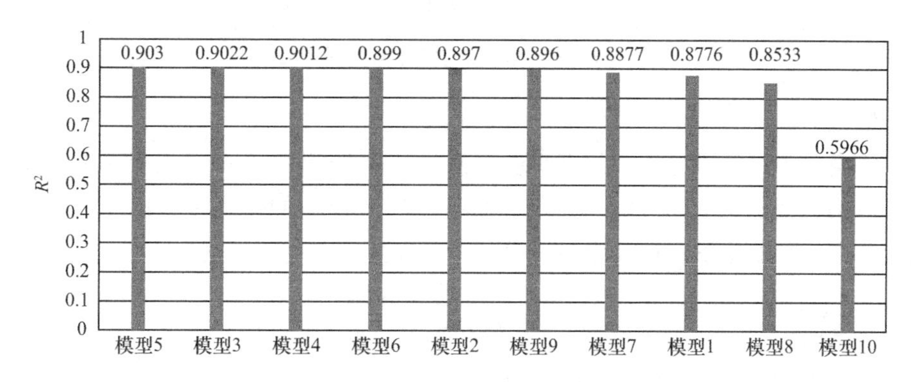

图 3-4　R^2 计算结果

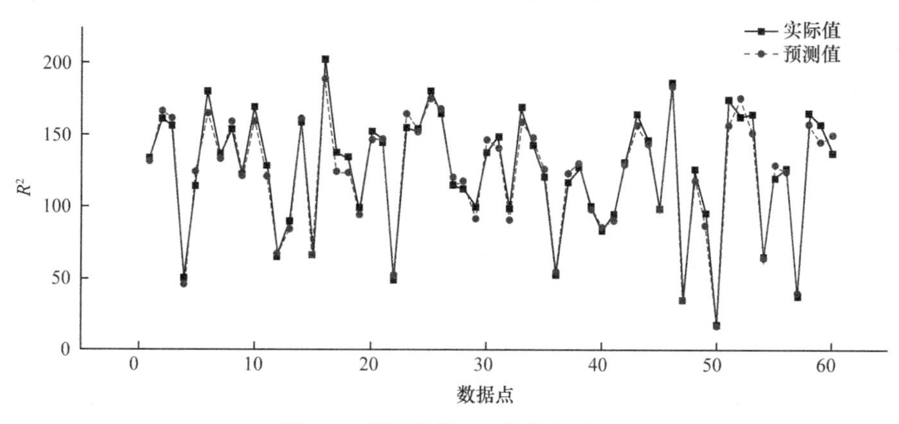

图 3-5　预测结果与实际结果对比

（2）支持向量机模型计算结果

与多项式回归方法相同，将训练集数据代入支持向量机模型进行训练，用训练后的模型来预测测试集数据，计算测试集的实际值与预测值的 R^2（表 3-5 和图 3-6）。

计算结果　　**表 3-5**

支持向量机模型	R^2
Model_SVM	0. 8381

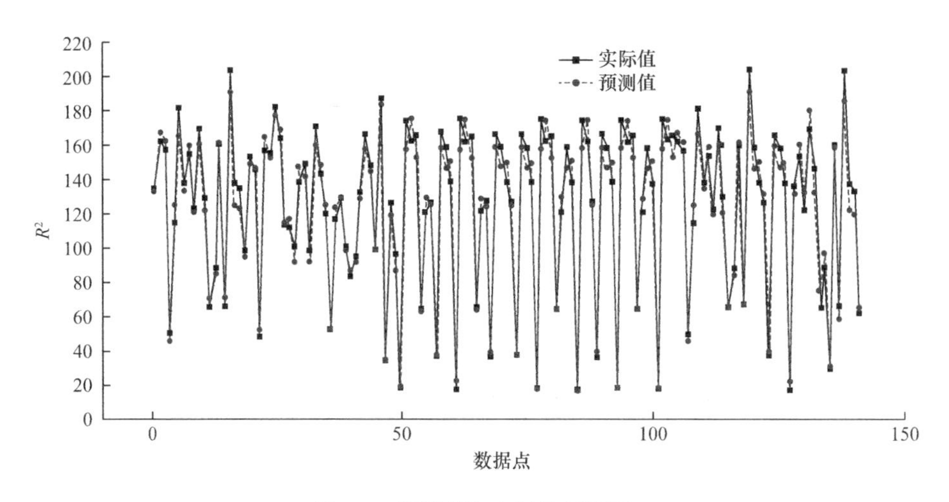

图 3-6　预测值与实际值折线图

（3）模型对比

多项式模型中最优模型得到的真实值与预测值的 R^2 为 0.9030，支持向量机模型得到的真实值与预测值的 R^2 为 0.8381，显然此时多项式模型的预测精度高于支持向量机模型。因此，在此数据集下，选择多项式模型为办公楼的空调负荷预测模型。

3.1.3　小结

本节主要介绍了建筑负荷预算的全过程算法，重点介绍了模型的输入参数选择、参数的归一化处理、模型预测算法的选择及判定条件。

以下为本节重点结论：

（1）根据分析，确定预测模型的输入参数。影响建筑负荷参数主要有时间（time）、室外温度（OutT）、室外相对湿度（OutH）、建筑冷负荷值（C-Load）。

（2）详细介绍两种基于历史数据学习的负荷精准预测方法（基于多项式算法的负荷预测、基于支持向量机算法的负荷预测）。

（3）确定预测模型的选择方法。开发出基于历史数据学习的负荷精准预测的基本流程。

本节最后选取实例对负荷预测流程进行实践，在对 CABR 近零能耗示范楼供冷季的实际运行和监测数据进行负荷预测后，得出多项式模型的预测精度高于支持向量机模型。因此，选择基于多项式算法的负荷预测模型为办公楼的空调负荷预测模型。

3.2　基于模型预测的控制运行优化

通过对系统建模，历史数据训练，可较为准确地预测系统的输出量，当预测值与系统的实际输出量数值发生较大偏差时，说明系统中的部分设备或线路出现问题，需要进行适当的运行维护。当系统模型中含有多个控制参数时，通过在参数取值范围内的遍历，生成多组控制参数，再代入预测模型中计算系统输出量，通过比较输出量的值，可求得当输出量有极大值或极小值时的控制参数。利用此组控制参数对系统进行控制，使系统的输出量接近所需的极大值或极小值，从而达到优化系统控制的目的。下文分别以光伏系统、建筑用电负荷和水冷空调系统为例，描述预测模型在这些系统中的应用。

建立光伏发电量预测模型，可以对系统输出的发电量进行实时监测，与根据设备情况及现场环境辐照量情况通过模型计算出的预测发电量进行对比分析，从而判断各种设备、线路的运行状态，指导运维人员及时对故障设备或问题线路进行维修与排查。

建立楼宇各项分类能耗模型，可以对各种分类能耗进行实时监测，当实际值远大于模型预测值时进行告警提醒，运维人员即可及时进行异常排查，查找导致异常高能耗的原因，关闭无人使用的设备或者及时维修能耗异常的设备。

建立水冷空调系统的控制模型，经过控制参数组的极值算法，计算在当前环境温度、湿度及制冷量条件下，制冷性能系数 *COP* 最高的控制参数组，从而在保证用户舒适度的前提下，节约空调系统能耗，并随着训练模型数据的积累，系统运行的 *COP* 会逐渐趋近于最优值。

3.2.1 光伏预测模型与设备运维

以珠海水发兴业研发楼为例（图 3-7），对屋顶、立面、雨篷、百叶窗分别采用了不同的光伏预测模型，对每台逆变器的发电量进行预测，当实际发电量低于预测发电量达到一定阈值时，系统将发出设备低发电量告警，通知运维人员查找原因，及时处理对应组件的设备故障，去除遮挡物或清洗光伏板等，保证光伏系统平稳高效运行。

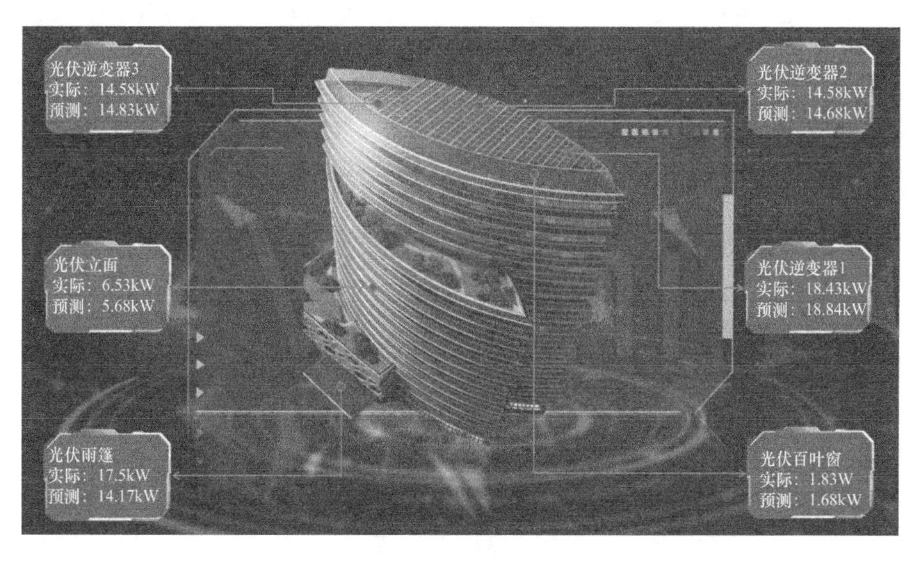

图 3-7 珠海水发兴业总部建筑光伏发电监测界面

这些光伏预测模型的特征参数包括：温度、风速、辐照量和时间。

由表 3-6 和图 3-8、图 3-9 可知，研发楼屋顶和立面采用梯度提升回归（GBR）模型的预测方法，相对误差最低。

当辐照仪测量精度较高，模型训练数据足够时，预测的精度也会较高，从而更好地指导运维人员进行故障排查和设备维修。

测试模型误差分析表　　表 3-6

逆变器	模型类别	拟合度 R^2	均方根误差 RMSE	CV-RMSE
预测研发楼屋顶逆变器 1 发电量（25.2kW）	贝叶斯岭回归（BRR）	0.9958	0.4451	8.85%
	线性回归（LR）	0.9967	0.4656	9.27%
	岭回归（RR）	0.9927	0.3735	6.62%
	梯度提升回归（GBR）	0.9982	0.2888	5.74%
	多层感知器回归（MLPR）	0.9961	0.4260	8.47%
	随机森林回归（RFR）	0.9978	0.3177	6.32%
	支持向量机回归（SVR）	0.9885	0.7317	14.55%
	决策树回归（DTR）	0.9927	0.5838	11.61%
预测研发楼立面发电量（127.1kW）	极端随机森林回归（ETR）	0.9943	0.1914	10.66%
	梯度提升回归（GBR）	0.9976	0.1235	6.88%
	多层感知器回归（MLPR）	0.9957	0.1658	9.23%
	随机森林回归（RFR）	0.9957	0.1651	9.20%
	支持向量机回归（SVR）	0.9884	0.2717	15.13%
	决策树回归（DTR）	0.9932	0.2087	11.63%

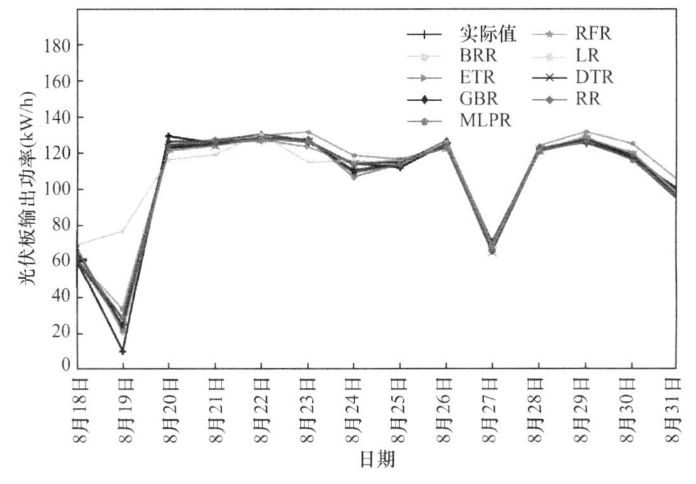

图 3-8　日光伏预测值与实际值对比曲线

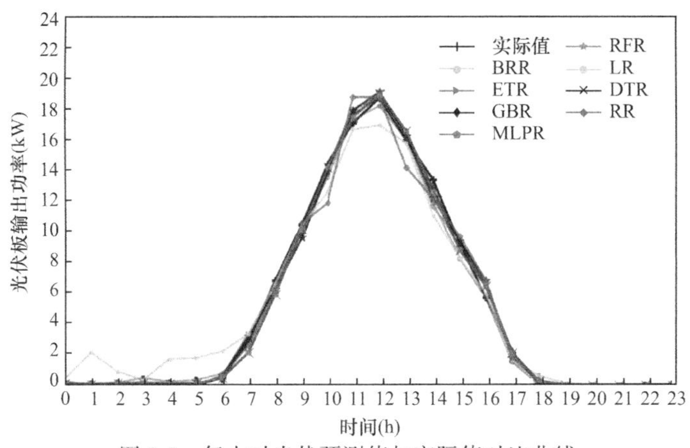

图 3-9　每小时光伏预测值与实际值对比曲线

3.2.2　用电负荷预测模型与管理优化

根据建筑各种用能设备的能耗特点进行分类，对每一类设备分别进行能耗值预测（图 3-10），当预测值与设备实际值相差超过设定的阈值时，将进行告警，提醒运维人员及时查找高能耗原因，整改高能耗设备。

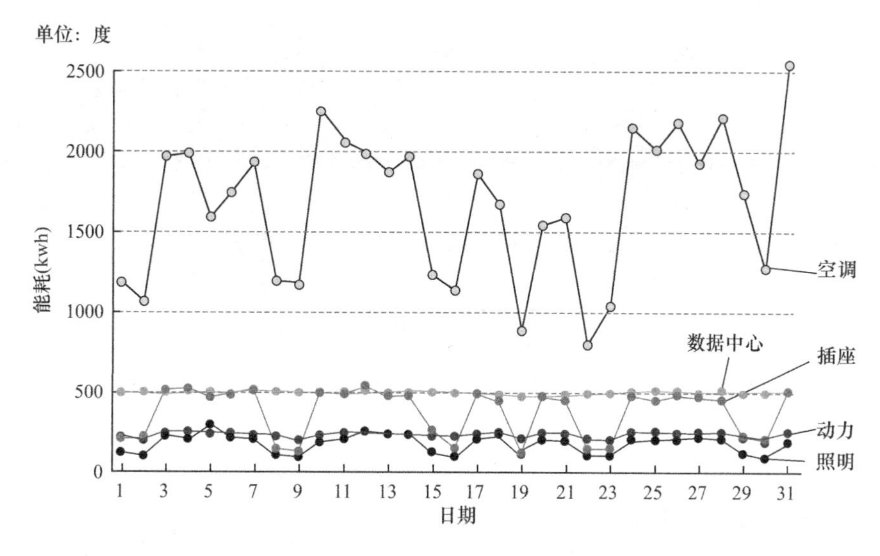

图 3-10　2021 年 8 月份研发楼各类别能耗情况

用电负荷预测模型的特征参数包括：温度、湿度、辐照量、时间，为提高预测精度，还引入了工作日系数、天气系数等特征参数。工作日系数设定：法定工作日为 1，经常有人加班的周六为 0.2，周日和长假期为 0，如表 3-7 所示。

工作日系数表　　**表 3-7**

<table>
<tr><th>工作日情况</th><th colspan="2">系数</th></tr>
<tr><td colspan="2">法定工作日</td><td>1</td></tr>
<tr><td rowspan="3">法定休息日</td><td>周六</td><td>0.2</td></tr>
<tr><td>周日</td><td>0</td></tr>
<tr><td>节假日</td><td>0</td></tr>
</table>

各类别能耗与各种预测所需特征参数的关系，经过 Pearson 相关系数分析后，可知工作系数与照明、动力以及插座的相关性都非常高，如图 3-11 所示。

图 3-12、图 3-13 为分类能耗实际值与预测值的对比分析图，由此可判断出异常的高耗能设备，方便运维人员及时处理。例如：发现夜间或休息日，某楼层的能耗异常增高，运维人员可及时巡查，关闭员工忘记关闭照明、空调或其他设备。

3.2.3　冷水空调系统预测模型与控制运行优化

冷水机组在既有建筑中运行，其设计的环境参数与实际运行的环境参数有一定的差异，各种管道的阻力系数与导热系数也与设计值有一定的出入。因此需要对空调系统的控制运行参数进行调适。利用一段时间的运行数据，建立水冷空调系统的预测模型，通过极限值搜索法计算求得当前运行状态下，制冷 *COP* 最佳的运行控制参数组，按照此控制参数组对空调系统进行控制，可以提高冷水机组的运行效率，达到节约能耗的目的。

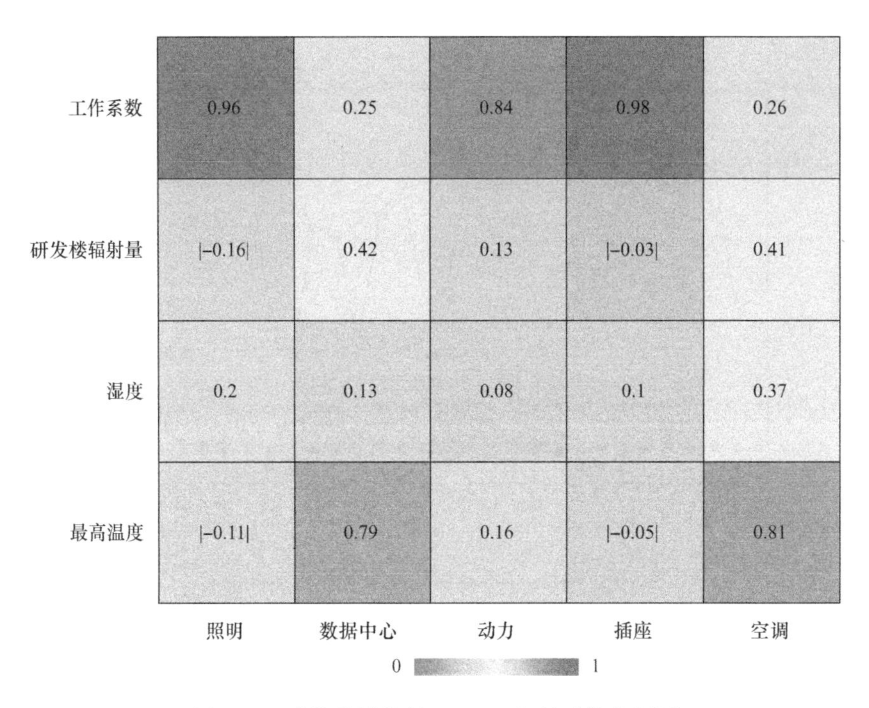

图 3-11　建筑分类能耗 Pearson 相关系数分析图

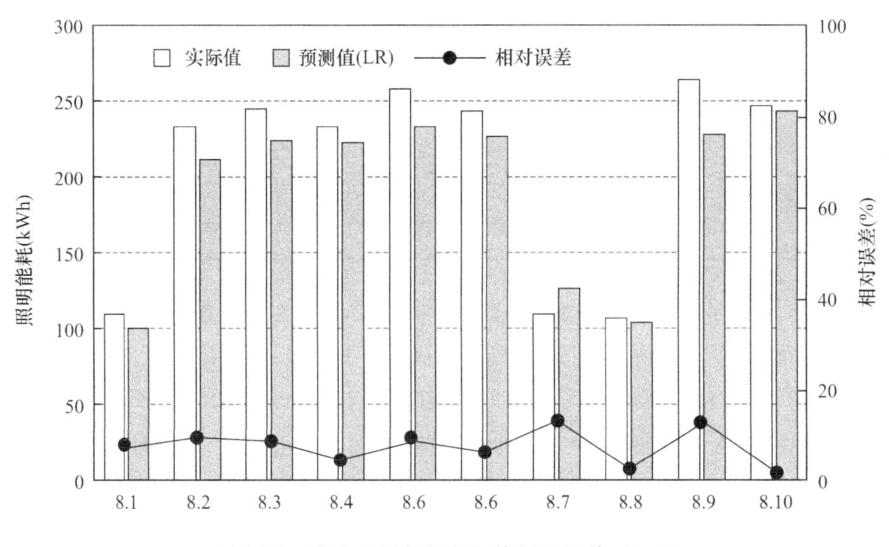

图 3-12　建筑照明负载实际值与预测值对比图

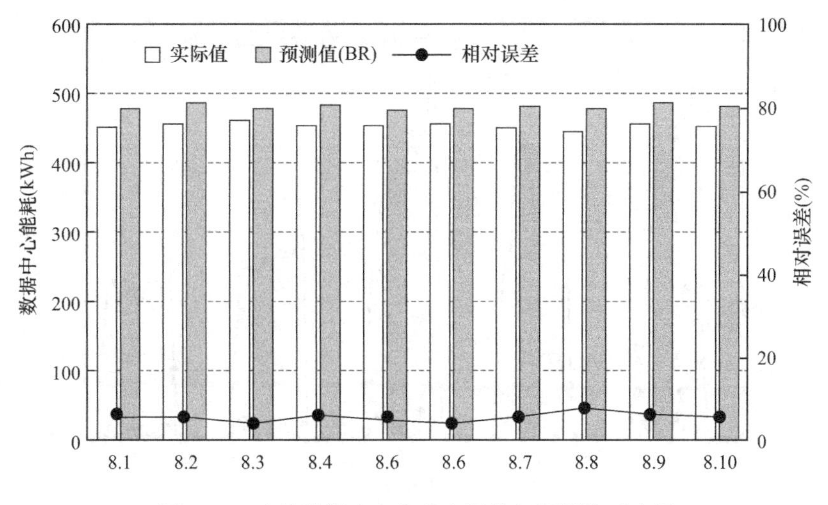

图 3-13　建筑数据中心负载实际值与预测值对比图

1. 水冷空调系统的控制运行策略

以珠海水发兴业研发楼的水冷空调系统为例，系统包含 2 台螺杆式冷水机组（功率 157kW、制冷量 908.5kW），2 台冷却水塔，3 个冷却泵，3 个冷水泵，11 层楼，509 个末端风机盘管。除了主要根据员工打卡情况按需控制风机盘管末端以外，系统运行主要由以下参数进行控制：冷水机组运行台数；冷水出水温度；最不利点压差（冷水循环）；冷却水温差（冷却水循环）；冷却塔进出水温差（冷却水循环）。

（1）多台冷水机组的开关机控制

冷水机组的开关机通常需要有一段时间的间隔，而且每种冷水机组在一定工况下，有各自特有的制冷量-*COP* 曲线，为了使多台冷水机组始终维持在较高的 *COP* 运行状态，首先需要准确预测未来一段时间冷水机组所需的制冷量。经多种模型测算，该建筑空调系统所需制冷量预测模型的参数分别达到了拟合度：0.997，RMSE：45.15，CVRMSE：5.61%。然后根据所需制冷量和冷水机组的 *COP* 特性曲线，确定最佳开机台数。

在优化多台冷水机组的开关机控制算法前，对历史数据进行分析，按经验分时段确定开机台数。优化后对系统半小时后所需的制冷量进行预测（图 3-14），每当后半小时预测的制冷量超过所开机机组额定制冷量设定的百分比后，就会自动增开一台制冷机组，使系统整体的 *COP* 得以提升。

（2）冷水出水温度控制

冷水机组的冷水出水温度范围一般在 7～12℃，对于不同的环境条件和制冷量需求，为使系统的制冷效率 *COP* 最高，应采用不同的冷水出水温度。

（3）冷水循环控制

空调系统的冷水循环主要通过最不利点压差的变化进行控制，当实际最不利点压差大于设定值时，适当减小冷水泵的频率与转速，当实际最不利点压差小于设定值时，适当增加冷水泵的频率与转速，水泵具体的频率与转速计算采用 PID 控制算法。

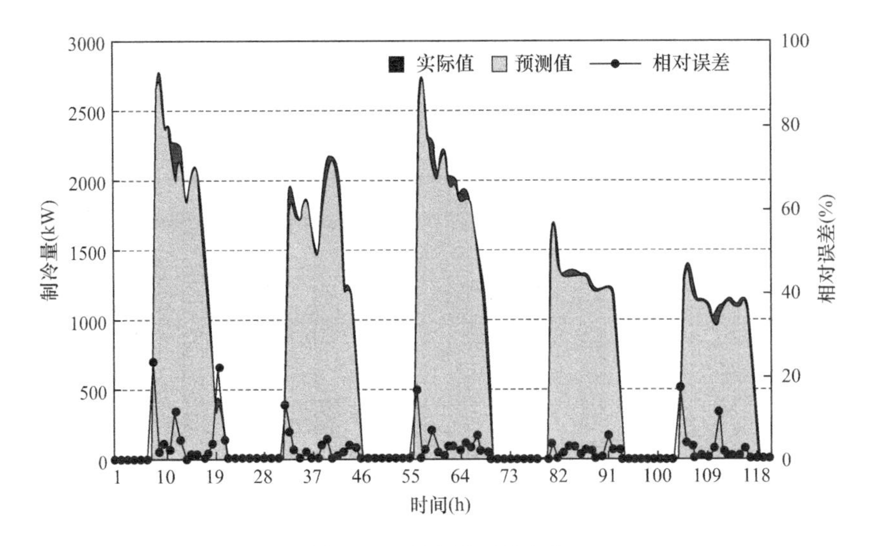

图 3-14　制冷量预测曲线

(4) 冷却水循环控制

空调系统的冷却水循环通过冷却水出水与回水的温度差控制冷却水泵的频率与转速。当冷却水实际温差大于设定值时，可适当提高冷却水泵的频率与转速；当实际温差小于设定值时，可适当降低冷却水泵的频率与转速。水泵的频率与转速计算采用 PID 控制算法。

(5) 冷却塔风扇控制

通过冷却塔进出水温差控制冷却塔风扇的频率与转速。当冷却塔进出水温差实际值大于设定值时，可适当提高冷却塔风扇的频率与转速；当实际温差小于设定值时，可适当降低冷却塔风扇的频率与转速。风扇具体的频率与转速计算采用 PID 控制算法。

2. 空调系统的预测模型与优化算法

通过采集空调系统特征参数数据，然后对数据进行清洗，建立预测模型，再利用改进的模拟退火算法求出空调能耗极小值时的控制参数组，通过此控制参数组对冷水空调系统进行有效控制，经过训练数据的逐渐积累，使计算出的控制参数组能使系统制冷效率维持在一个较高水平。

具体过程如下：

采集数据：主要对建筑物空调系统的历史能耗数据、环境数据及冷水机组控制参数等数据进行采集；其中环境数据包括：室外温度、室外湿度、空调制冷量、冷水出水温度、冷水回水温度、冷却水出水温度、冷却水回水温度等；冷水机组的控制参数包括冷水出水温度设置值、最不利点压差设置值（冷水循环）、冷却水温差设置值、冷却塔进出水温差设置值（冷却塔）等。

数据清洗：对采集的原始数据进行清洗，去除冷水机组和泵组未正常开机时段数据，以及剔除通信故障等原因造成的异常数据，得到一组可信度较高的数据。

建立预测模型：基于随机森林算法进行建模，以环境数据为特征向量、历史能耗数据为目标特征搭建空调系统能耗预测模型。

计算最佳控制值：采用改进的模拟退火算法，求得在室外温度、室外湿度、空调制冷量确定的情况下，空调系统能耗控制模型输出能耗极小值时的冷水机组控制参数值。

此改进的模拟退火算法求空调能耗极小值过程，具体包括以下子步骤：

（1）设定初始循环周期变量 H_{Initial}、终止循环周期变量 H_{Final}、Markov 链长度即内循环运行次数 M、搜索步长 S_0，以冷水出水温度设置值、最不利点压差设置值、冷却水温差设置值、冷却塔进出水温差设置值的四个冷水机组控制参数为自变量状态，设置状态搜索空间的上下限［Min，Max］。例如设置状态搜索空间的下限为［7，20，3.2，1.5］、上限为［12，40，5.5，3.5］。

（2）初始化状态 X_0，五项控制参数均取搜索空间范围最小值，赋予当前状态 $X_n = X_0 =$［7，20，3.2，1.5］，并输入空调系统能耗模型，预测得到初始空调系统用电量 $f(X_n)$。

（3）外层（循环周期变量）控制邻域的变化，内层（Markov 链长度）在该邻域内进行扰动，进而每一次迭代随机产生新的状态 X_{n+1}；其中，内层的扰动公式为：

$$X = X_0 + S_0 \cdot (\mathrm{Max} - \mathrm{Min}) \cdot \mathrm{rand} \tag{3-2}$$

$$S = k \cdot S_0 \tag{3-3}$$

式中 rand——邻域函数，实验中使用随机的正态分布概率密度函数，以提高搜索效率，利用已搜索区域的信息来判断哪些区域更有可能存在全局最优值；

k——缩减因子，取 0.99，每次迭代缩小步长，逐渐缩小搜索区域，从而提高了搜索精度。

（4）计算差值 $\Delta L = f(X_{n+1}) - f(X_n)$。当 ΔL 小于 0 时，接受 X_{n+1} 更新为当前状态 X_n，并记录最优状态 X_{best} 和最优值 $f(X_{\mathrm{best}})$；当 ΔL 大于 0 时，以一定的概率 P 接受 X_{n+1} 更新为当前状态 X_n；其中概率 P 根据 MCMC 原则得到公式：

$$P = \min(1, \mathrm{e}^{(-\Delta L/T)}) \tag{3-4}$$

如果 $P >$ Random ()，则接受劣质状态，反之拒绝劣质状态；Random () 表示 0 和 1 之间的随机函数，该方法能够有效避免陷入局部极小值。

（5）内层迭代多次后，更新最优状态 X_{best} 和最优值 $f(X_{\mathrm{best}})$。

（6）更新循环周期变量 H，若 $H \geqslant H_{\mathrm{Final}}$ 继续执行步骤（3）～（5），否则终止循环，输出最优状态 X_{best} 和最优值 $f(X_{\mathrm{best}})$，程序结束；其中更新温度的公式为：

$$H = H_{\mathrm{Initial}} \cdot \mathrm{e}^{-a \cdot K^{1/n}} \tag{3-5}$$

式中，$a = 0.05$ 是衰减系数，K 为迭代次数，$n = 4$ 为状态参数数量；根据物理原理，指数函数的形式更为符合热量传递的实质，且该方法使遍历空间的能力提高，从而提高算法运行效率。

通过采用改进的模拟退火算法寻找冷水机组控制参数的最小能耗序列，使冷水机组的整体能耗始终维持在较低的水平，其算法流程如图 3-15 所示。

表 3-8 为研发楼空调系统每日 COP 的分段统计表，2019 年空调系统运行效果最好，平均 71.6％的开空调的日期，系统运行 COP 在 4.6 及以上，2020 年因管道堵塞及设备故障导致系统 COP 降低。2022 年以来，采用预测模型优化算法后，空调系统每日 COP 基本都能够保持在 4.6 以上运行。

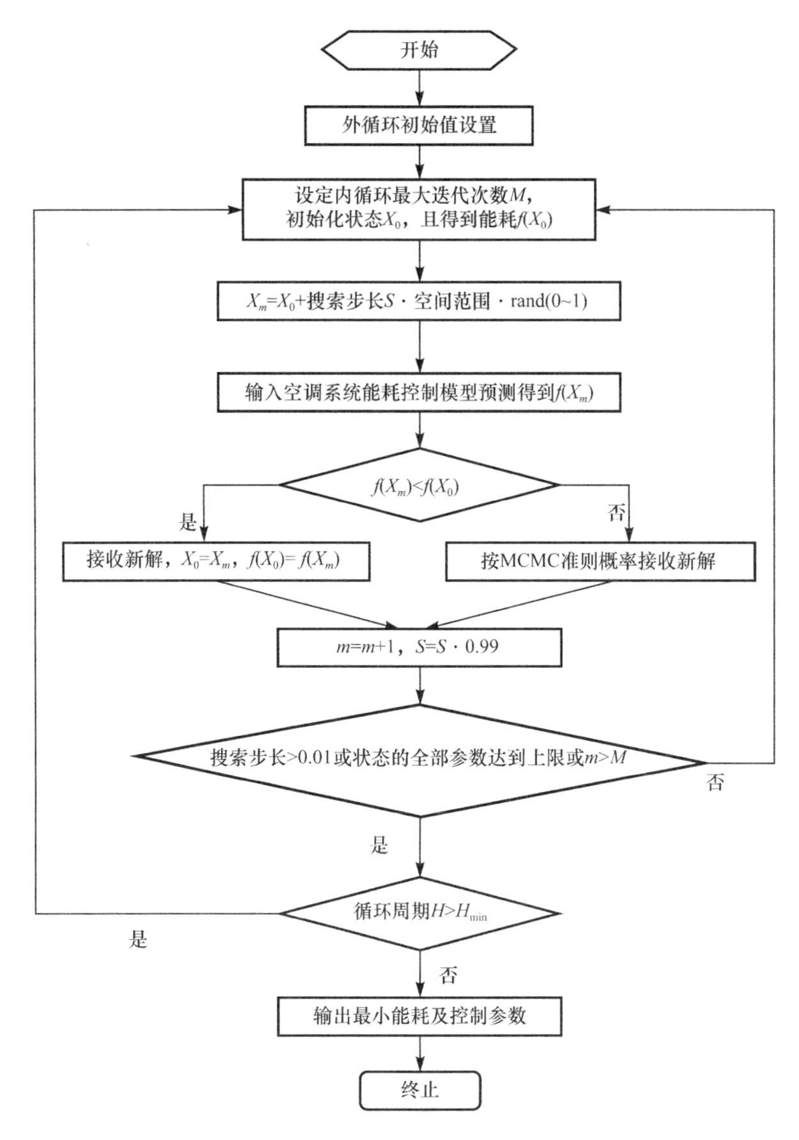

图 3-15　模拟退火算法流程图

空调系统日 *COP* 统计表（单位：d）　　　　**表 3-8**

COP	2018 年	2019 年	2020 年	2021 年
≤3.9	7	6	9	2
4.0	5		11	3
4.1	4	1	14	1
4.2	11	1	23	10
4.3	10	9	21	22
4.4	9	22	21	29
4.5	20	15	8	28
4.6	18	20	13	24
4.7	22	24	18	20

续表

COP	2018年	2019年	2020年	2021年
4.8	22	17	9	7
4.9	13	19	6	10
5.0	5	16	7	13
5.1	9	11	4	10
5.2	4	8	1	8
5.3	1	4	1	5
≥5.4	4	17	10	7
4.6及以上天数	98	136	69	104
运行总天数	164	190	176	199
4.6及以上天数比例	59.8%	71.6%	39.2%	52.3%

3.3 基于热舒适的室内热环境动态控制

近零能耗建筑机电系统包括建筑强弱电系统、暖通空调系统、给水排水系统、消防系统，以及其他智能化系统。其中暖通空调系统由于强调可再生能源利用，系统复杂，楼宇监测系统的数据繁杂，数据格式、来源不同，相互兼容性差。目前近零能耗建筑运行调适存在以下问题：

（1）室内环境满意率与舒适性需求数据反馈延迟。室内人员对于舒适性需求具有较高的离散性，当前室内环境满意率调查及用户舒适度调查多采用纸质或手机电子问卷的形式。存在数据收集不及时及信息反馈无法涵盖全部客观情况等，如基于实际APP使用反馈调查结果显示，上报环境条件90%为故障上报或者投诉上报，即使用者在不舒适的环境下才会主动上报，造成统计结果无法真实反映室内环境舒适性。

（2）不同系统切换运行逻辑不明。多能源耦合系统相互切换对于系统整体能效、可再生能源利用至关重要，当前大部分近零能耗居住建筑可以实现通过单一系统启停完成室内环境控制。但是对于近零能耗公共建筑，采用多种可再生能源耦合的系统形式，控制逻辑与建筑使用特性有强相关性，目前普遍缺少特例调节。

（3）巡检效率亟待提升。当前巡检主要依靠人员步行遍历巡检模式，或故障巡检模式，巡检流程和项目内容缺少规范约束，调整及修改过程记录不完善。对于多房间、多人员区域，既有的监测系统并不针对个人用户进行识别和服务，只是进行环境整体控制，造成重复检测、重复报警、重复识别计算以及重复调整等多种重复问题。无法智能学习和记忆典型用户的行为习惯和冷热需求，导致舒适策略满意度无法大幅提升。

（4）各项用电系统相对独立。自动化楼宇控制平台通过建筑内设壁面及系统固定点采集传感器所采数据，存在年久漂移、无法定期标定的限值。以固件埋设传感器为例，经过一段时间的使用，传感部分漂移，传感器却无法取出，导致监测系统数据发生异常却无法快速纠正。

基于前述研究团队针对CABR近零能耗示范楼的持续性调适和人员满意度调查可以发

现，在室内环境控制参数达到既定工况下，仍然有20%～30%的人员表示舒适度一般，造成这一统计结果的原因主要有两个：

（1）基于主观上报的舒适度调查主要依赖人员主动性。在实际应用过程中，办公人员的精力多集中于工作，很少会有人在舒适情况下主动记得按时上报舒适性情况。多数主动上报为人体感受到不舒适时的投诉行为。

（2）传统的统一温度设置已无法满足人员离散化、个性化的舒适性需求，人员个体间体感需求差异的表述更加直白和明确。

根据前述投诉研究分析，对于固定工位的办公环境，固定人员对于环境的喜好，呈现出一定的固定倾向性，即不同工位的冷热需求随工位不同而呈现出固定性特点。基于此，可以根据不同工位编号建立人员舒适性档案。

3.3.1 基于离散性需求的人员舒适性主客观评价收集

根据既有的舒适性研究可以发现，不同个体对不同的室内温湿度反应并不相同，但人体对于热感觉的反馈可以通过体表温度进行。研究发现，测量得出的血液灌注度、皮肤温度等生理参数也可以与人体热舒适构建相应的关系。

因此，对于不同室内温湿度进行人员舒适度主观评价，并记录当前温湿度环境和人员感受条件下人员的面部关键点温度和色度（图3-16），经过数据积累和学习即可得到人员的热舒适感受。

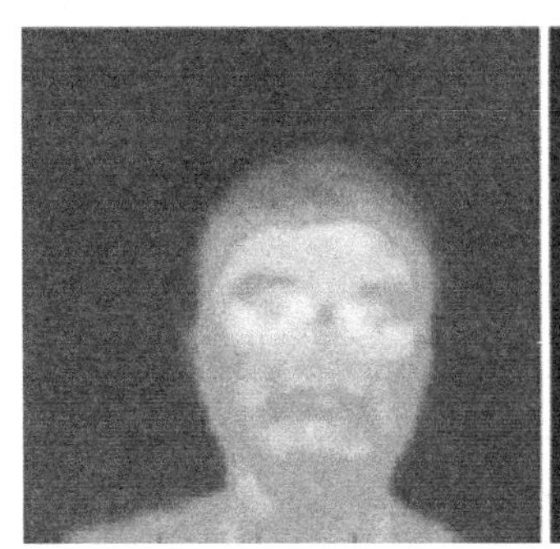
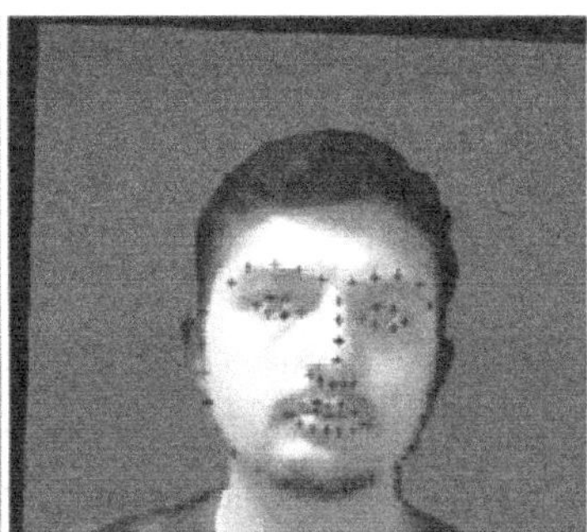
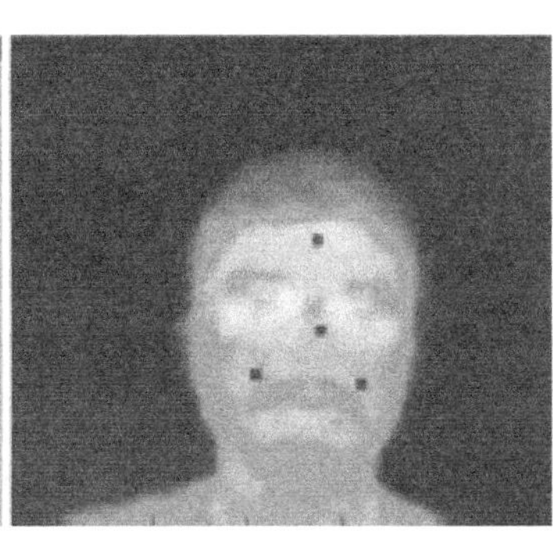

图3-16　不同舒适度条件下面部特征区域关键点温度提取

3.3.2 人员舒适性档案建立

基于对不同室内温度的用户感受的学习和修正，建立室内用户舒适性档案数据库，如图3-17所示。

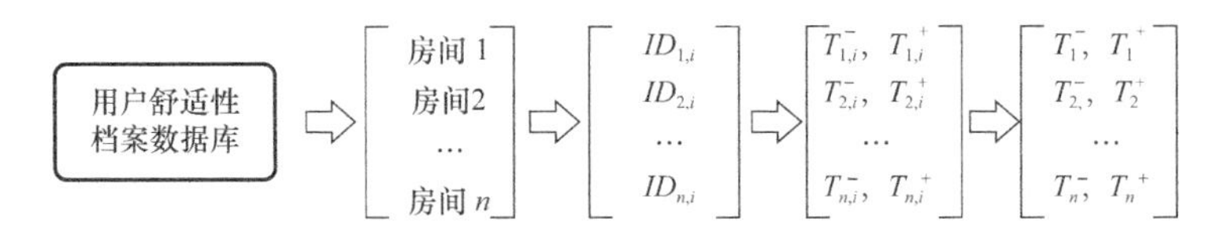

图3-17　基于工位编号的人员舒适性档案建立

通过记录不同温度下工位 $ID_{n,i}$ 人员的舒适性评价，提取个人舒适温度上下限，依据末端最小控制单元建立区域人员舒适度数据档案。

3.3.3　房间温度确定

根据实际办公场所中房间内使用人数，可以分为单人空间和多人空间，室内温度的确定方法如式（3-6）～式(3-8）所示。

$$T_n^- = \max(T_{n,i} - \sum\nolimits_m \max T_{n,i}) \tag{3-6}$$

$$T_n^+ = \min(T_{n,i} - \sum\nolimits_m \min T_{n,i}) \tag{3-7}$$

$$m = n \times (1 - \eta) \tag{3-8}$$

式中　T_n^-——第 n 个控制末端的控制温度区间下限,℃；

T_n^+——第 n 个控制末端的控制温度区间上限,℃；

n——最小控制单元区域内实际人数，人；

m——采用向下取整的方式满足最小不满意率时从控制数列中去除的温度点数，个；

η——室内舒适度不满意率,%。

当室内只有 1 人时，即 n 取 1 时，m 取值为 1。单人房间完全依据该房间的室内人员舒适性喜好进行温度设定。当运维人员设定室内温度不满意率时，系统则根据各房间室内逐时在室人员确定室温计算点域集及刨除点个数，并通过边界寻优确定该控制区域室内温度。

不同末端采用的控制逻辑和配置的执行器不同，本书以温湿度独立控制系统作为研究案例，显热控制采用吊顶辐射末端＋风机盘管调峰，潜热及人员散湿由新风系统承担。目前对于辐射板常规控制策略分为回水温度控制和供回水温差控制。

1. 回水温度控制

已知系统干管供水温度，根据每个房间支路辐射板出口水温，可以计算得到室内供冷或供热的实际冷热量输出。当室内房间冷热量需求确定后，即可反向推算需要控制的辐射板出口水温。

2. 供回水温差控制

已知每个房间支路供水水温，通过计算室内冷热量需求，控制房间支路的供回水温差，实现房间温度控制。即当房间支路供回水温差达到预先设定值时，该支路水泵关闭。但需要指出的是，即使在达到预设温度情况下，仍然需要间歇启动调速水泵进行小流量循环，以便水温能够被检测到。

图 3-18 给出温湿度独立控制末端的具体实现逻辑。由室内环境主客观评价移动巡检系统（简称 DAMA 系统，详见第

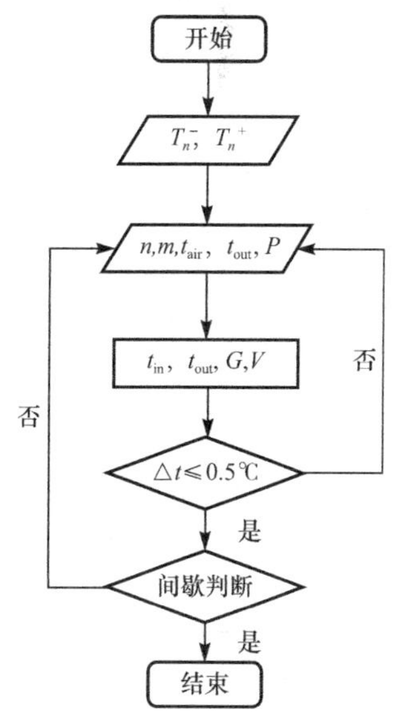

图 3-18　室内末端温度控制的具体实现逻辑

4.3.1节）巡检确立人员舒适性档案，根据在室人员的舒适性需求特征确定室内控制温度区间；根据控制房间末端盘管内供水流速和回水温度，进行逐房间温度调节，实现室内温度控制。

3. 末端离散需求响应实验台搭建

采用实验台实测与模拟验证两种方法。以中国建筑科学研究院（CABR）近零能耗示范楼选取典型房间和典型系统搭建实验台（图3-19），实验内容主要包括：

图3-19 CABR近零能耗示范楼测试房间选择

（1）研究不同室外气象条件下，建筑能源系统的运行状况和实际运行能效。

（2）不同负荷类型典型房间室内环境品质监测。

（3）室内人员舒适性需求的离散程度以及主客观评价动态收集方法。

（4）基于人员离散性舒适需求的室内环境控制策略优化。

根据前文可知，示范楼每层采用不同的空调末端系统形式，选取三层的温湿度独立控制系统，末端形式为吊顶冷热辐射系统+新风系统，独立冷热源为太阳能吸收式空调机组，辅助冷热源为地源热泵系统。其中地源热泵系统兼作其他楼层的冷热源。

典型房间选取原则：

（1）选择不同朝向、不同办公人数、能够体现不同负荷特性的房间。本次选取三层西侧319房间（9人工位，有南外墙和西外墙）、317房间（4人工位，有间歇工作工位，南向外墙），以及318房间（1人工位，北向外墙）。

（2）水系统和风系统末端控制相对独立。317～319房间末端水系统属于同一回路，与三层其他支路相对独立，便于加载不同控制策略的同时不对其他房间产生影响。

（3）人员配合度可控。研究团队成员，舒适性调查问卷配合度较高，反馈较为积极。

具体房间位置选择如图3-20所示，房间基本信息如表3-9所示。

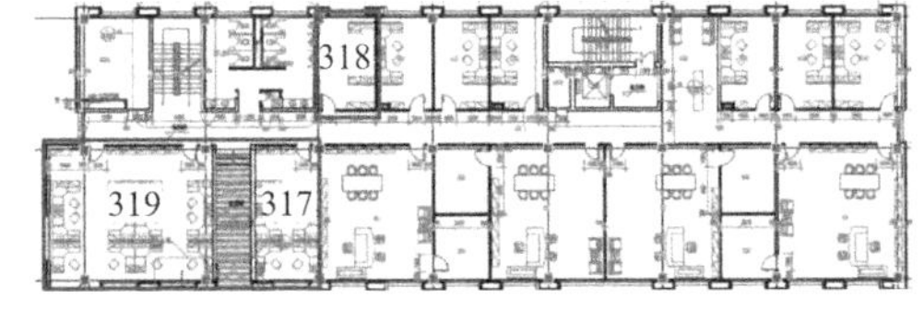

图3-20 典型房间选择

人员舒适性档案采集房间基本信息 **表3-9**

房间编号	室内面积（m^2）	外墙朝向	外窗朝向	固定工位数
317	25	南	南	4
318	10	北	北	1
319	80	南、西	南、西	9
走廊	70	西	西	0

为准确测量房间内环境参数，对典型房间进行环境参数采集，监测参数采集如表3-10所示。

室内环境参数设置　　　　**表 3-10**

监测参数	仪器名称	测试范围	准确度
温度	温度自计议 WZY-1	−40～100℃	±0.1℃
相对湿度	温湿度自计议 WSZY-1	−40～100℃ 0～100%RH	±0.1℃ ±3%RH
CO_2 浓度	环境空气质量监测仪	0～5000ppm	±75ppm
PM2.5 浓度		0～5000μg/m³	±10%
外墙内壁面温度	红外测温仪	−20～280℃	±0.2℃
辐射顶棚表面温度			
新风量	WWFWZY-1 型无线 万向风速风温记录仪	温度−20～80℃、 风速 0.05～30m/s	±0.5℃、 ±0.5m/s
外窗开启记录	CKJM-1 磁开关记录仪	最大磁场感应距离 30mm	最小记录间隔：2S

3.3.4　基于离散性需求的末端控制参数确定

1. 室内人员冷热季节热敏感度档案建立

参与本次离散性舒适性需求研究分别为 3 个房间 9 位研究人员，人员基本信息如表 3-11 所示。

参与舒适性调查的人员信息　　　　**表 3-11**

工位编号	房间号	性别	年龄
A001	321	女	27
A002	321	女	40
A003	321	女	35
A004	321	女	33
A005	321	男	31
A006	321	男	26
A007	319	女	28
A008	319	女	29
A009	320	男	40

巡检机器人调查巡检模式分为三种：

模式一：固定时间逐工位主客观评价。在设定时间点，自动逐工位测量在工位人员体温及邀请评价当前舒适性。

模式二：固定时间固定路线监测室内环境参数。在设定时间点，自动依照设定路线逐点测量当前室内环境参数，但不对人员进行体温测量和舒适性评价。

模式三：监测到异常工况点的确认测量。当机器人在待定工位点或进行模式二下室内环境测量过程中，发现室内环境参数超出规定范围，会在完成当前模式后，进行模式一，即逐工位主客观评价，并记录当前人员舒适性满意度。

以 7 月 1 日—9 月 18 日为例，每种模式的固定监测时间节点和样本取样如表 3-12 所示。

巡检模式设定　　表 3-12

模式	巡检时间	巡检范围	采集样本数	有效样本数
模式一	9：00、10：30、13：30、15：00、17：00	全域	1610	1100
模式二	10：00、11：30、16：00、18：00	全域	4760	4525
模式三	监测到异常值时	全域	132	61

经过样本清理得到有效样本，可以得出不同工位人员对于不同室内温度、相对湿度的敏感性差异化需求。图 3-21 给出 9 月 15—18 日室内舒适性问卷调查结果。

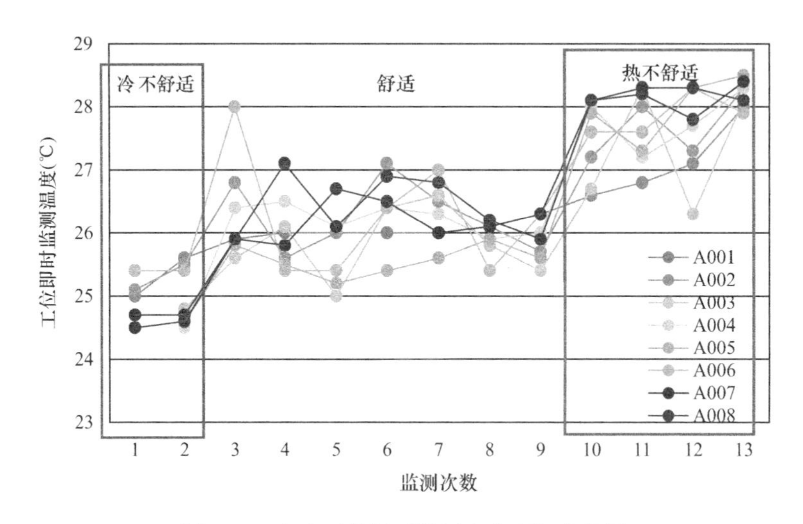

图 3-21　室内环境舒适性调查主观问卷结果

由图 3-21 可以看出，不同人员具有不同的舒适性需求，对于供冷季的室内舒适度具有不同的敏感性和喜好。与传统认知不同的是，不同办公模式对于温度耐受程度会有差别。319 房间内人员经常出入，对于环境温度改变的敏感性相对较弱，321 房间人员流动性小，对于房间内温湿度的变化则会体现出较大的差异性。

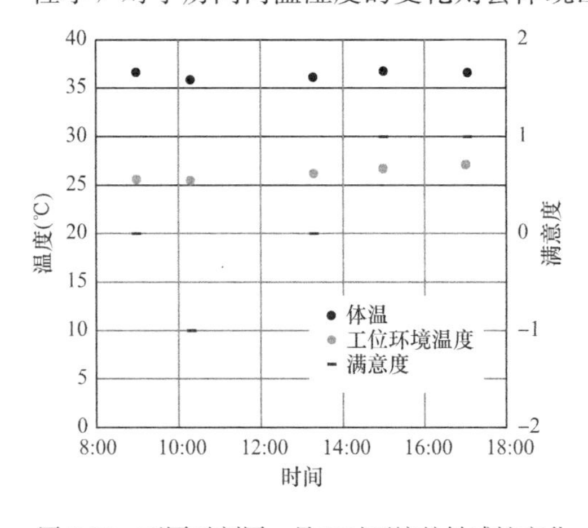

图 3-22　不同时刻同一员工对环境的敏感性变化

此外，同一人员在不同时刻对于同一环境的舒适度需求也会产生变化。图 3-22 为 321 房间 A001 号员工在一天内 8：30～17：30 的舒适性感受。可以看到，在室内温度变化不大的情况下，早上由于经过上班途中的运动，刚进入办公环境时体温相对较高，对环境的冷需求相对较高，经过 2h 的伏案办公，身体代谢率逐渐降低，对于冷量的需求降低，体现为在相同工位环境下，舒适度评价从舒适调整为稍冷，希望调升室内温度。

由于每个员工个体对于温度的变化和敏

感性不同，巡检机器人在数据记录过程中详细记录每个人在不同时刻对于不同室温的感受，按照工位编号建立个人舒适性需求档案。

2. 以房间为单位的用户舒适性需求离散度分析

经过数据积累可以得到，多工位房间内员工的温湿度舒适区边界是有所不同的，当房间内人员对于室内环境参数的改变需求一致时，根据舒适性需求改变室内环境参数可以得到较好的室内环境满意率。但数据采集的结果发现，更多情况下，不同人员的个人舒适度需求温度区间是不同的，如图 3-23 所示。

依据室内人员满意率制定控制目标，则室内环境控制目标应该在 25.7～26℃。需要指出的是，超过这个温度区间并不一定会导致室内环境舒适度满意率的下降，而且在追求群集满意率的过程中，往往以 90％满意为衡量标准。在本案例中，则若以 90％满意率为控制标准，室内温度应控制在 25.5～26.5℃。

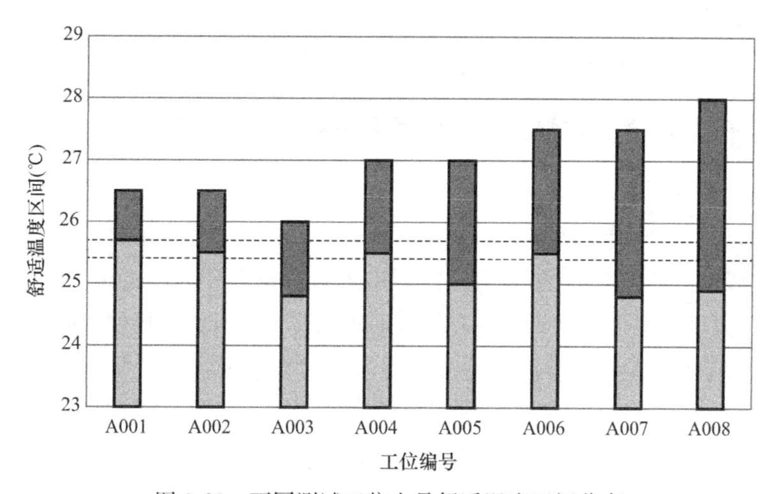

图 3-23　不同测试工位人员舒适温度区间分布

人员舒适性需求离散这一现象对室内环境控制策略制定的影响可以扩大至该支路水系统，甚至整个能源系统。

建立室内人员舒适性需求离散度判定方法，经过判定 319、321 房间分别属于某个层级的离散度需求房间。

3. 人员离散性需求与负荷基准确定

《实用供热空调设计手册（第二版）》中在采用谐波法计算室内逐时冷负荷时，给出不同活动量下人体、设备、灯具等室内热源的发热量，用于指导设计阶段建筑冷负荷计算和设备选型。在近零能耗建筑实际运行过程中，室内逐时在室人员的数量是实时发生变化的、传统建筑围护结构冷量占比较大，这一人员变化影响相对较小，但是在近零能耗建筑运行过程中可以发现，由于建筑冷负荷主要来源于内热，在室人员的数量对于室内环境的控制有着较大的影响，以测量 321 房间为例，该房间设计工位为 15 人。中午午休时段（11：30～12：30）员工全部外出就餐，室内无人情况下，环境温度会降至 24.6℃，如图 3-24 所示；12：30，1 名员工回到工位，室内温度上升至 25.3℃；12：50，3 名员工就餐完毕进入办公室，室内温度上升至 26.2℃。

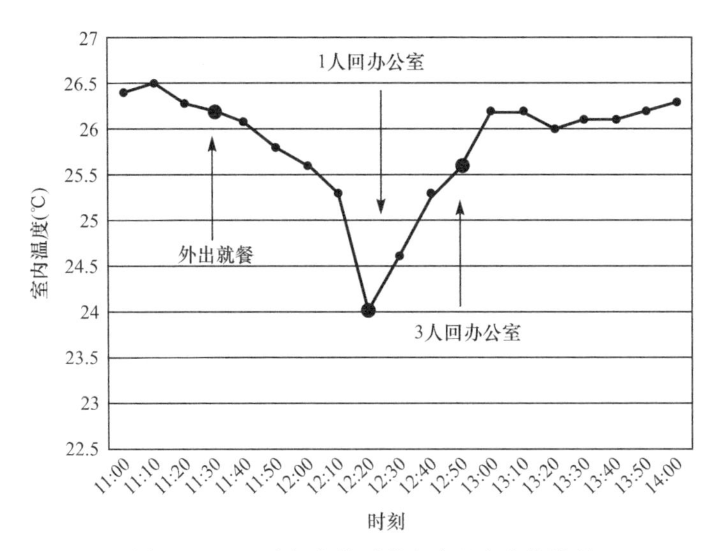

图 3-24　321 房间午休时段室内温度变化情况

3.3.5　基于人员离散需求的能源系统控制策略

1. 人员影响关系

基于前文所述，近零能耗建筑中，由于人员、设备等内扰引起的负荷波动较普通建筑大，且不同气候区、不同地区、多人房间内同室人员对室内环境的舒适性需求皆存在差异。传统的恒定设计温度对室内环境满意率有较高需求的建筑运行无法提供实际有效指导。

基于第 2 章所述的在室人员舒适性离散需求的末端控制状态点确定方法与实验台反馈收集到的数据，确定 90%满意率下以房间为单位的室内人员舒适性温度。由于室内在室人员数量是实时变化的，以 2021 年 7 月 8—9 日实验平台收集的室内人员在室及舒适性数据为例，确定的典型办公室逐时离散的末端控制状态点如图 3-25 所示，11：30～13：30 为午休时间，室内人员在室率较低。上午时段内室外温度较下午低，上午的人员末端离散热舒适温度高于下午。

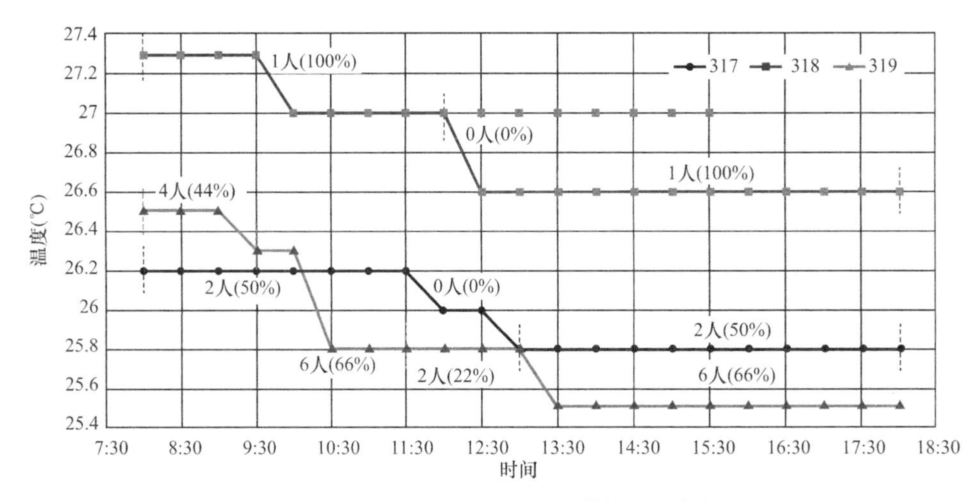

图 3-25　317～319 房间末端离散控制状态点

2. 能源系统控制策略

近零能耗建筑采用多能源耦合系统时，在实际运行过程中，在室人员的数量对于室内环境的控制有着较大的影响，室内环境控制参数的波动会影响源侧系统的能效。针对近零能耗办公建筑能源系统，提出能够动态响应室内人员变化的末端环境精准控制优化策略，确定的控制策略如下：(1) 传统的室温控制，夏季空调室内温度控制状态点为26℃，相对湿度为60%；(2) 末端离散控制（100%人员在室），依据本书第4章方法确定的90%满意率下不同房间的舒适控制温度为室内控制状态点，实时监测室内温度变化，对能源系统进行控制；(3) 末端离散控制（部分在室），将末端离散需求响应实验平台收集计算输出确定逐时的室内在室人员数量及离散舒适温度作为室内控制状态点，对能源系统进行实时控制。

建筑能源系统在制冷季的运行策略如表3-13所示，整个暖通空调系统采用楼宇自控系统进行日常的运行控制。

建筑能源系统制冷季运行策略　　表3-13

系统	控制策略
太阳能空调系统	集热一次泵根据室外辐照度情况确定开启时间，在集热一次泵运行5min后，判断水箱温度与集热器的平均温度是否存在5℃以上的温差，若存在则开启板式换热器二次泵进行换热，直到换到温差只有2℃为止
吸收式制冷机	工作时间，实时判断水箱水温是否大于等于70℃，是则选择开启吸收式制冷机，在开启后则不再切换
地源热泵GSHP2	制冷季工作时间，吸收式制冷机不满足条件情况下
新风系统	以室内CO_2浓度为启停依据，设置区间为500～800ppm，送风温度设定为15～19℃
辐射末端	末端以室内温度为控制参数，同时实时判断室内露点温度，当顶棚辐射系统供水温度低于露点温度时，新风系统先除湿，且辐射系统关闭，当辐射系统供水温度高于露点温度时，辐射系统正常工作

3. 能源系统概况介绍

选取CABR近零能耗办公建筑作方法验证，如图3-26所示，该办公建筑夏季冷源采用太阳能吸收式热泵+地源热泵供冷，冬季采用太阳能热水+地源热泵供暖，三层末端系统为顶板辐射+独立新风系统。

基于此建立如图3-27所示的TRNSYS能源系统模型，建筑围护结构热工性能参数如表3-14所示。策略1的内扰参数及空调参数依《近零能耗建筑技术标准》GB/T 51350—2019设置，详见表3-15，人员、设备、照明的作息设置分别如图3-28所示。策略2、策略3下，室内逐时人员数量、内扰参数及空调参数依据前述章节方法确定。

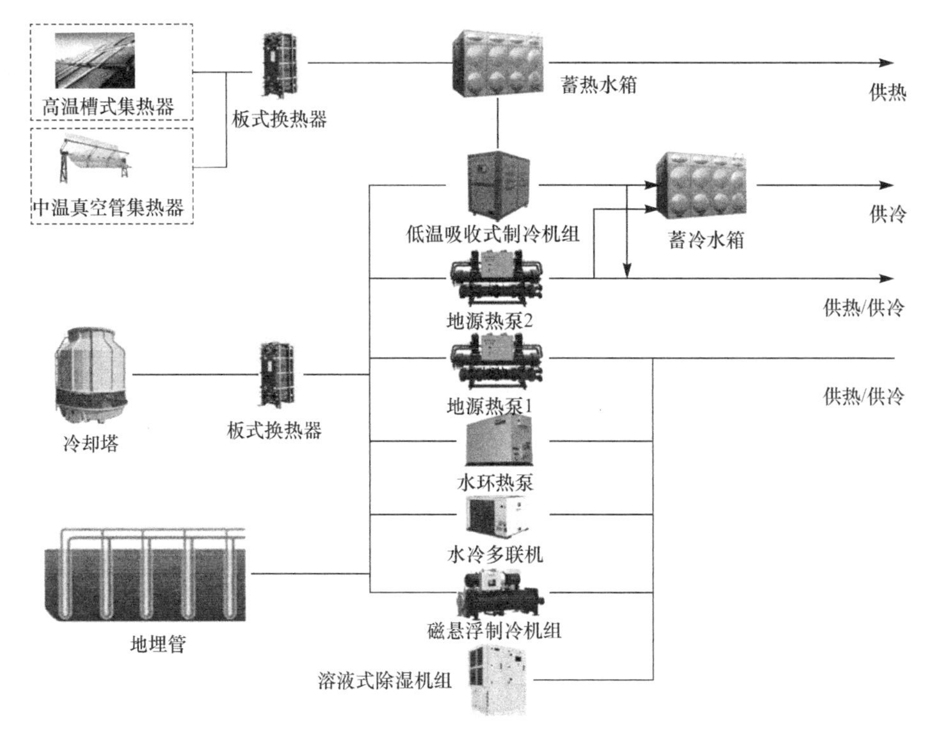

图 3-26　CABR 近零能耗办公建筑能源系统简图

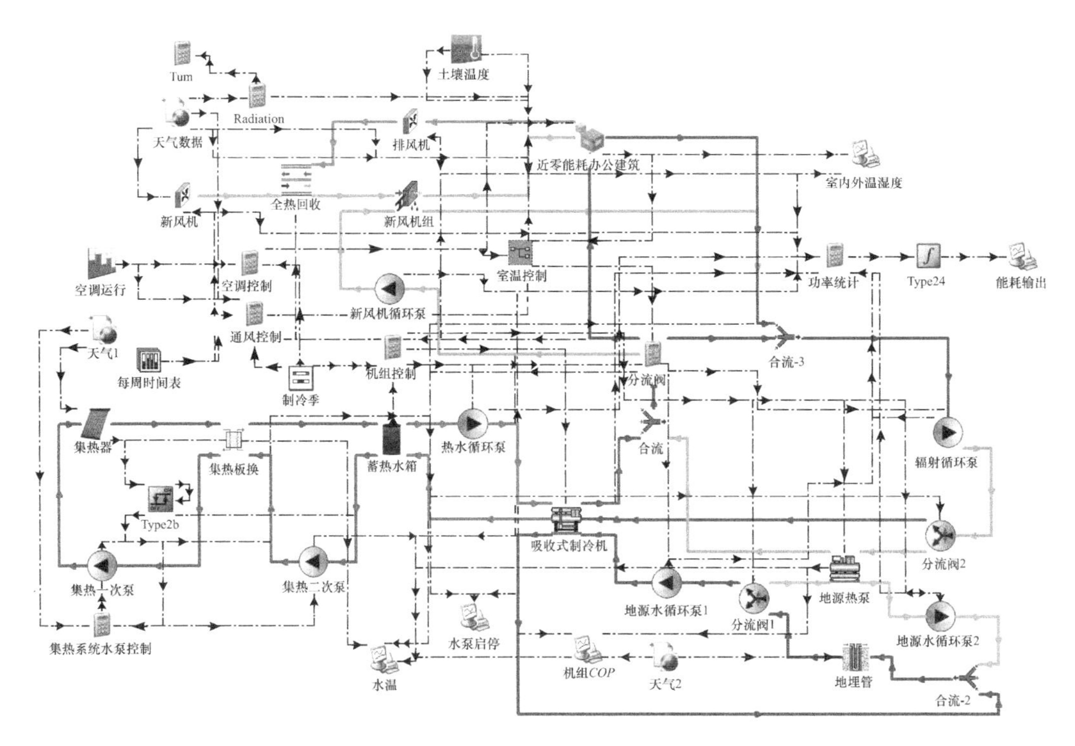

图 3-27　近零能耗办公建筑 TRNSYS 能源系统模型

近零能耗办公建筑围护结构热工性能参数设置 **表 3-14**

围护结构	材质	传热系数 K(W/(m^2·K))	
		标准	示范建筑
屋面	VIP 真空绝热板外墙外保温	0.10～0.30	0.17
外墙	200mm 聚氨酯/泡沫聚苯乙烯（EPS）	0.10～0.30	0.24
地面		0.25～0.40	0.30
楼板		0.30～0.50	0.30
隔墙		1.2～1.5	1.2
外窗	三玻双 Low-E 铝包木窗		1.1
	中置内遮阳	遮阳系数：0～0.4	

近零能耗办公建筑内扰参数及空调参数设定 **表 3-15**

房间	人均占地面积（m^2）	设备功率密度（W/m^2）	照明功率密度（W/m^2）	夏季/冬季温度（℃）	夏季/冬季湿度（%）	人均新风量（m^3/h）
会议室	3.33	5	9	26/20	60/30	30
大堂门厅	20	0	5	26/20	60/30	30
办公室	10	13	9	26/20	60/30	30
休息室	3.33	0	5	26/20	60/30	30
设备间	0	0	5	26/20	60/30	30

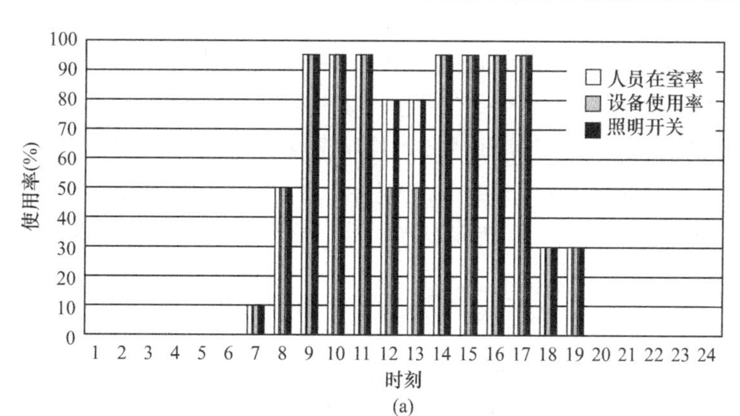

(a)

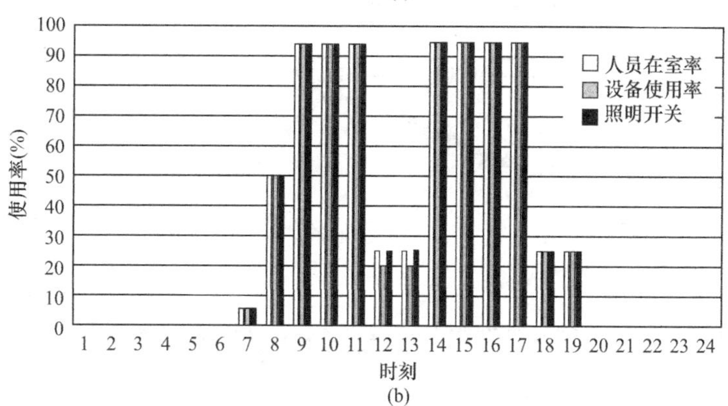

(b)

图 3-28 策略 1 下典型房间作息

(a) 办公室作息；(b) 会议室（休息室）作息

4. 控制策略验证

在建立的 TRNSYS 能源系统模型中，输入北京市典型年气象参数（图 3-29），模拟分析不同控制策略下近零能耗办公建筑能源系统运行特性。

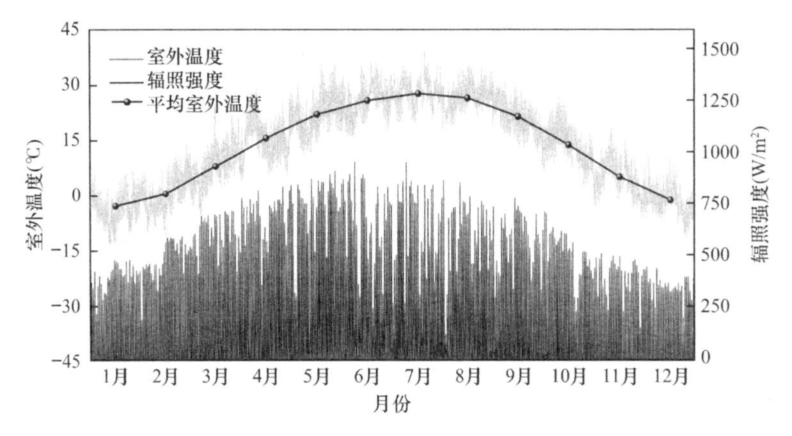

图 3-29　北京市典型年室外环境参数

如图 3-29 所示，北京市典型年室外最低气温为－14.08℃，出现在最冷月 1 月，1 月平均温度为－3.4℃；全年最高气温为 38.98℃，出现在 7 月。全年太阳辐射度最高为 983.7W/m²，出现在 7 月份。

图 3-30 为末端离散控制（部分在室）策略下，7 月 8 日 317、318、319 房间工作时间室内外温度变化，工作时间室外温度在 26.3～33.8℃，平均值 31℃。在满足室内人员热舒适 90％满意率的前提下，317 房间的离散控制温度为 25.8～26.2℃，监测工作时间室内温度在 25.6～26.8℃，平均值为 25.9℃，仅在上午刚上班（8：30～9：30）空调系统初启动期间有较大的误差，正常波动误差为 0.2℃；318 房间的离散控制温度为 26.6～27.3℃，监测工作时间室内温度在 26.4～27.3℃，平均值为 26.8℃，误差为 0.2℃；319 房间的离散控制温度为 25.5～26.5℃，监测工作时间室内温度在 25.3～27.1℃，平均值为 25.7℃，上午空调系统刚启动阶段温度较高，正常波动误差为 0.2℃。上午上班开始时间、中午午休时间与下班时间时，因在室人员的波动导致室内温度有较大波动。

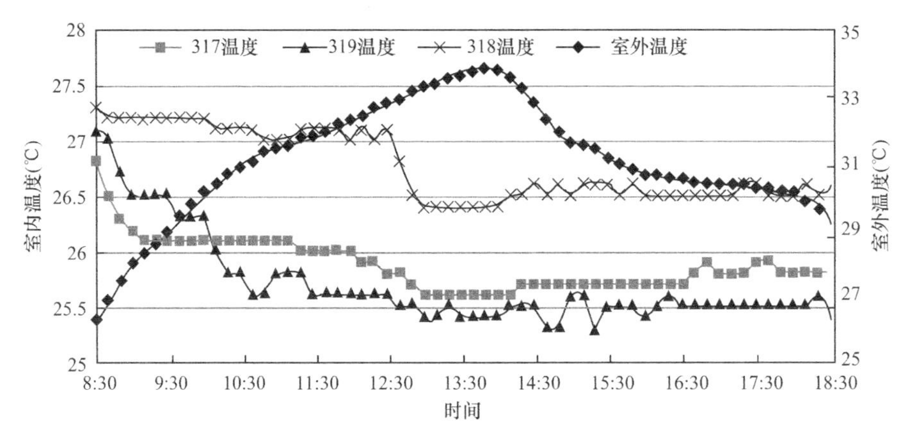

图 3-30　7 月 8 日 317、318、319 房间工作时间室内外温度变化

以基于在室人员舒适性离散需求的末端控制状态点为末端离散控制温度。模拟结果显示，全员在岗时，采用保障室内温度舒适性为前提的控制优化策略，系统供冷量未发生明显提升。

图 3-31～图 3-33 分别为末端离散控制（部分在室）策略下，7 月 8 日辐射末端西侧回路供冷量、辐射末端供回水温度、源侧机组供回水温度变化。13：00～14：00 的午休时间能源系统切换，太阳能吸收式制冷系统在 13：30 左右启动，下午供冷量的波动较上午小。地源热泵机组供水温度为 10.3～16.2℃，平均值为 12.6℃，回水温度为 14.6～17.4℃，平均值为 15.7℃，供回水温差为 3～5.3℃。太阳能吸收式制冷系统供水温度为 12～15.9℃，平均值为 13.4℃，回水温度为 16.4～20.5℃，平均值为 17.7℃，供回水温差为 2.9～4.7℃。

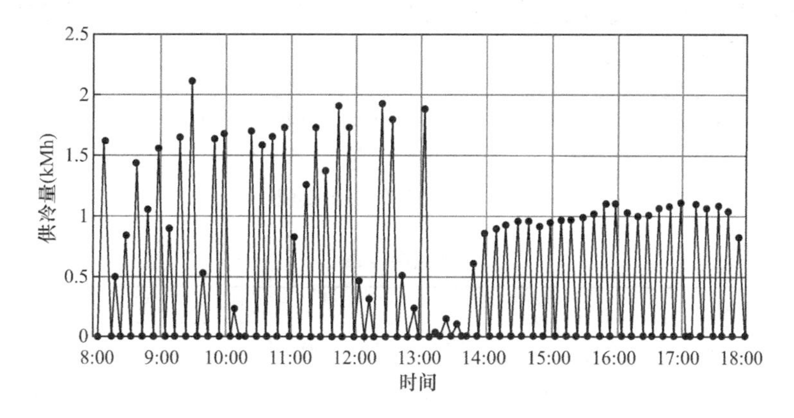

图 3-31　7 月 8 日辐射末端回路供冷量

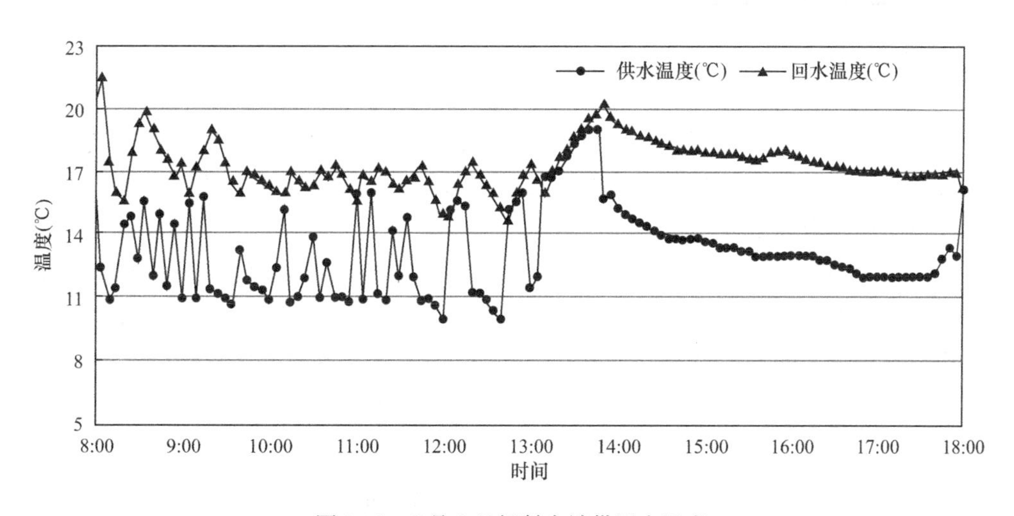

图 3-32　7 月 8 日辐射末端供回水温度

标准工况下，全员在岗且室内温度控制为 26℃；选取 7 月 6—9 日室内人员部分在室情况（318 房间 7 月 9 日无人在室，关闭房间供冷末端），分别对传统室温控制、末端离散控制（100%在室）和末端离散控制（部分在室）三种方式进行模拟计算。7 月 6—9 日系统的供冷量如表 3-16 所示，全员在室情况下，采用末端离散控制模式，系统供冷量较传统室温控制模式并未有明显增长；部分人员在室工况下，采用末端离散控制策略较传统控制模式下系统供冷量减少 38.5%。

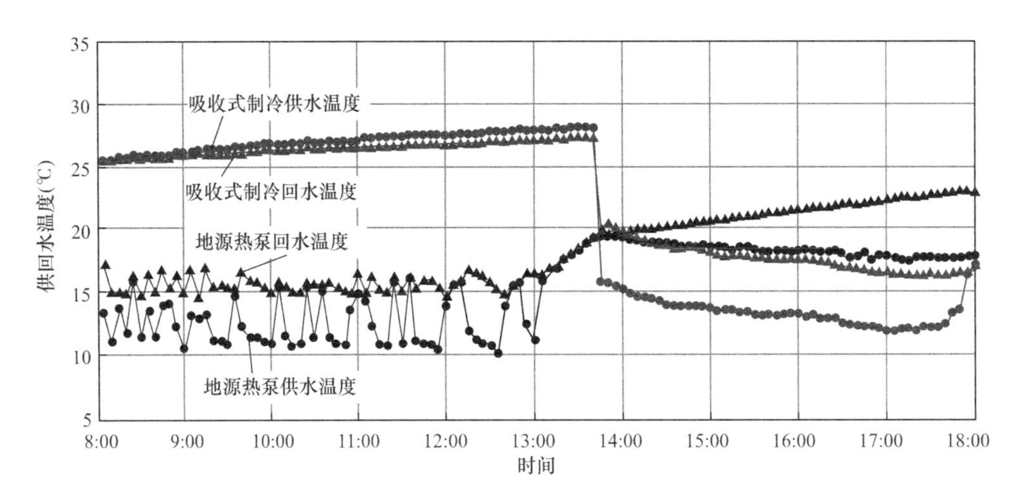

图 3-33　7 月 8 日源侧机组供回水温度

系统供冷量　　　　**表 3-16**

控制模式	系统供冷量（kWh）			
	7 月 6 日	7 月 7 日	7 月 8 日	7 月 9 日
传统室温控制	201.34	199.35	167.34	167.39
末端离散控制（100%在室）	191.34	189.3	158.57	159.09
末端离散控制（部分在室）	127.98	123.21	100.32	100.99

3.3.6　小结

本节针对多人、单人办公环境，基于人员离散舒适性需求，提出不同满意率需求下室内温度及空调系统末端运行参数确定方法。通过采用主动采集并学习舒适性数据的方式，建立多人员室内参数控制方法。

研究开发了一套适用于多能源耦合系统且可满足较高舒适性控制需求的室内环境主客观评价移动巡检系统，集成了人体舒适性评价等衡量指标，可自动收集和分析工位人员在不同室内环境温度下的舒适性感受并积累形成个人舒适性档案，基于室内舒适性离散标准化模型，通过实际在室人员的舒适性需求确定室内控制温度，实现高精度室内环境温度控制。选取 CABR 近零能耗建筑楼三层典型办公室进行实际运行检验，共收集人员舒适性评价数据 6000 余条，分别建立 3 个房间逐工位人员供冷季舒适性档案。

在部分人员在室情况下，依据实际在室人员舒适性的需求进行匹配，可以在有效保证人员舒适度满意率的情况下减少系统非必要供冷供暖量。选取实际工况进行模拟计算可以得到，全员在岗情况下，采用差异化室温控制，相比传统室温控制未有明显冷量需求增加，40%人员在室情况下，末端离散控制方式系统总供冷量较传统室温控制模式下减少 38.5%。

第 4 章　精细化动态调适工具开发

4.1　全专业协作调适平台

全专业协作调适平台是项目管理方法论在实际项目应用中的标准化实现方式，可以有效对项目各个阶段、技术环节进行标准化实施和控制，确保系统整体质量和进度控制。

4.1.1　平台基本架构

根据调适的阶段和流程划分，结合不同阶段调适的具体内容和要求，将全专业协作调适平台分为综合效能调适平台、调适工具包两部分。综合效能调适平台的主要功能是负责调适的项目管理和调适任务管理工作，调适工具包的主要功能是指导现场调适工作的开展并记录调适结果。根据不同调适软件的实际使用需求采用“自上而下”与“自下而上”相结合以及分级的结构形式。

综合效能调适平台采取“自上而下”的方式，即先搭建完善的建筑信息库，再在此基础上开展各类调适工作。而调适工具包软件采取了“自下而上”的方式，从满足每个设备具体的调适工作入手，实施调适工作。当设备调适工作完成后，再组建完善的建筑信息库，既符合调适工作开展实际需求又极大缓解了“自上而下”的软件架构带来的前期工作量大的现实问题。平台及工具包的建筑信息库可相互调取，减少了信息输入的重复工作，方便平台操作人员及现场调适人员查阅。综合效能调适平台与调适工具包的关系如图 4-1 所示。

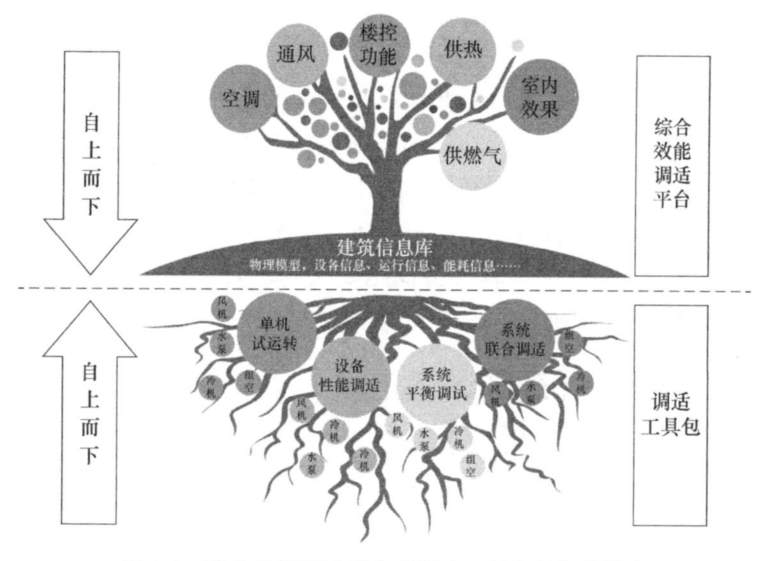

图 4-1　综合效能调适平台及调适工具包的架构特点

在分级结构方面，综合效能调适平台主要以项目的调适步骤为第一级，包括：调适预检查、单机试运转、设备性能调适、控制功能验证等步骤，每个步骤下按设备划分，即设备为第二级。这种划分方式有助于项目的整体管理。而调适工具包则相反，设备为第一级，步骤为第二级。这种划分方式符合现场调适的工作顺序，节约现场工作时间，并且方便查看正在调适的设备的当前情况。采用两种划分形式能够满足不同系统类型、不同系统规模、不同阶段的项目的调适需求。

4.1.2 综合效能调适平台（项目管理工具）

综合效能调适平台是一个集调适项目管理及调适任务管理功能于一体的软件，后台由软件管理员统一管理，前台则由用户操作。

平台内容涵盖了调适技术体系中的各个关键要素模块，参照调适导则将各个功能细化并落地，开发的模块涵盖了调适项目的全过程各专业内容。包括项目建筑和设备信息库的建立、调适需求书的编制、调适团队的组建、调适计划的制定、调适流程和调适方法的制定、调适任务的分配、调适进度的管理、调适结果的汇总和分析、调适例会的管理、调适记录和问题日志的管理、调适问题的追踪、调适报告的管理等功能。

1. 后台功能应用

为方便用户使用，软件后台设有数据库及功能模板，方便用户随时调用以及软件管理人员对软件功能进行修改和完善。同时，建立整个平台上的所有建筑及项目信息，既可以由用户调取，又方便统一管理。后台的管理及操作由软件管理员统一管理。综合能效调适平台后台架构如图 4-2 所示。

根据架构图信息可知，平台后台管理包括四部分：基础信息管理、模板管理、建筑信息管理及项目信息管理。后台操作界面如图 4-3 所示，其基本功能介绍如表 4-1 所示。

2. 前台功能应用

前台结构主要从用户使用需求的角度设置。平台的用户使用功能涵盖了调适技术体系的全部内容，依据调适步骤、参考用户使用习惯进行开发。同时嵌入了调适工具包的 PC 端输入功能，方便用户进行项目管理和技术操作。前台架构如图 4-4 所示。

根据架构图信息可知，综合效能调适平台前台界面包括六部分：项目基本信息、创建项目、我负责的项目、我参与的项目、会议纪要及问题日志。前台操作界面如图 4-5 所示，其基本功能介绍如表 4-2 所示。

4.1.3 调适工具包（现场调适工具）

调适工具包 APP 主要是为了方便现场调适人员实施调适，将调适方法和流程软件化，利用软件实现各调适设备或系统的标准化操作，并实现数据实时计算和上传。其主要用于指导现场调适工作的开展并记录调适结果。

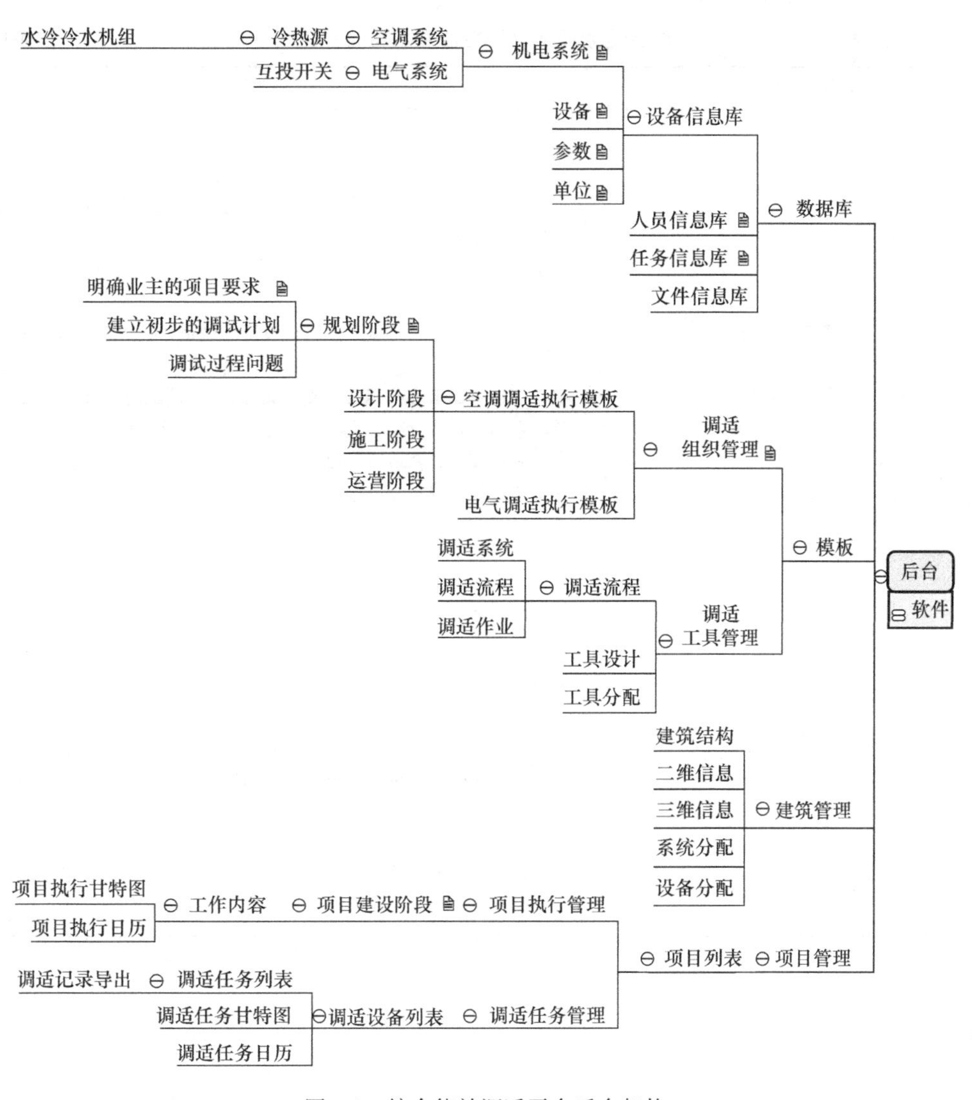

图 4-2　综合能效调适平台后台架构

基础信息管理	模板管理	建筑信息管理	项目信息管理
设备信息 机电系统 设备规格 设备参数 计量单位 人员信息 组织架构信息库 角色信息库 人员信息库 项目信息 任务类型 文件类别	调适组织管理 调适组织管理 调适工具管理 流程设计 说明设计 工具设计 工具分配	建筑结构 建筑结构信息 图形信息 建筑设备 设备列表 建筑系统 设备系统 系统结构 信息导入	项目列表 调适项目管理 调适任务管理

图 4-3　综合能效调适平台后台操作界面

综合能效调适平台后台基本功能介绍　　表 4-1

基本功能模块	功能概述
基础信息管理	基础信息是软件的“零件库”，涵盖所有信息的定义，包括设备信息库、人员信息库、任务信息库及文件信息库。新建项目时调取以上信息将作为项目的基本框架。 设备信息包含空调、给水排水和电气系统，预留接口方便后续增加其他类别的机电系统。 人员信息具有多个维度的分类，包括按调适角色分类、按调适单位分类。 项目信息主要是定义相关任务与文件类型。调适管理任务包括：开会、培训、人员分配、文档管理等。调适文件一般包括：项目需求书、调适方案、调适团队通讯录、会议纪要、工程联系单、调适报告、调适验收报告等
模板管理	用户建立项目时如直接从数据库的单个模块构建项目框架，需要耗费较长时间和精力。因此，后台提前制作了模板，用户可直接选取模板，然后根据项目的具体情况进行修改，节约时间。模板涵盖调适的组织管理模板和调适工具包的模板。 组织管理模板按机电系统分为暖通空调系统调适、给水排水系统调适和电气系统调适执行模板。完整的调适执行模板按全过程调适分为规划、设计、施工及运营四个阶段。 调适工具管理主要指调适工具包 APP 的设计端口。调适流程制定各项设备及系统的标准操作内容，如检查、性能调适、功能验证等
建筑信息管理	建筑和项目信息是针对具体建筑和项目的信息库，可随时调用。建筑及项目管理模块与前面的数据库、模板模块不同。是由用户先输入数据，后台再自动进行分类管理。 建筑管理将建筑信息分成：建筑结构、二维信息、三维信息、系统分配及设备分配。建筑结构包括建筑的面积、层高、房间信息等。系统和设备分配主要构建了项目的机电系统及所属设备。后台提供批量输入的功能，上传 Excel 表格即可实现，节约建立建筑信息的时间
项目信息管理	后台的项目管理包括在平台上建立的所有项目。各个项目按照项目执行和调适任务进行管理。 项目的执行管理包括工作分配、时间管理、问题追踪、文档上传等。 调适任务的管理主要是各个设备和系统的现场调适操作管理，包括各项调适任务的完成进度、调适数据上传及分析等

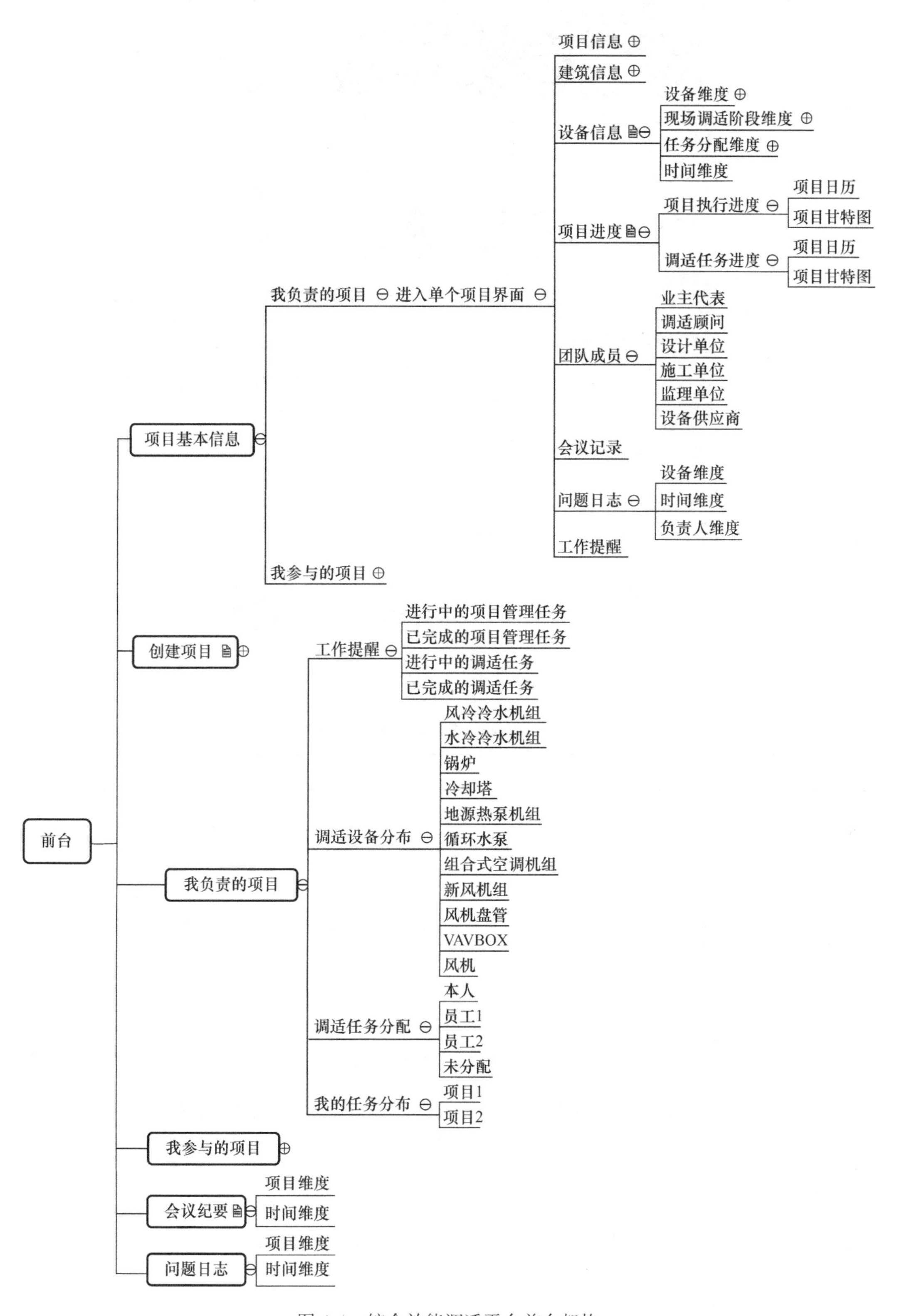

图 4-4　综合效能调适平台前台架构

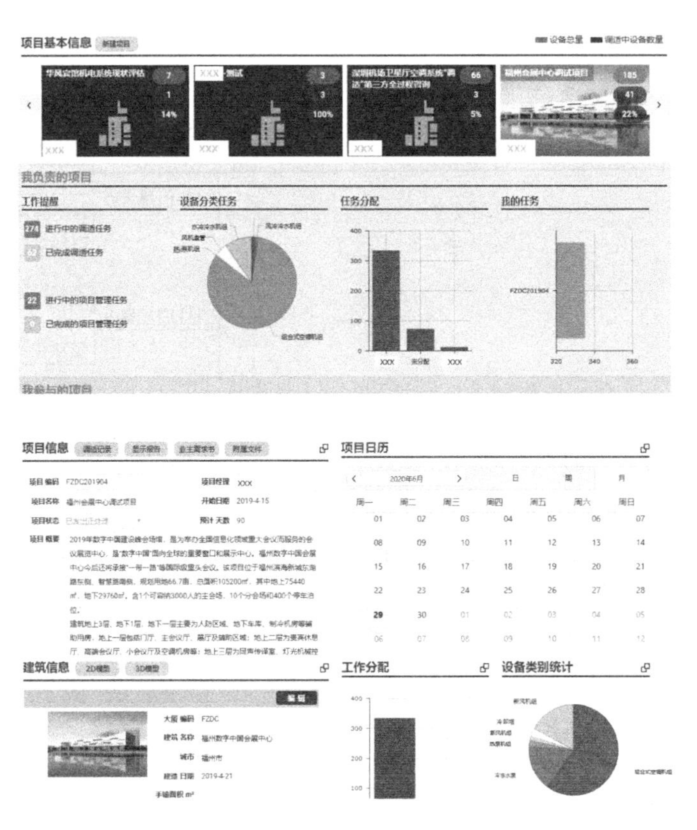

图 4-5　综合效能调适平台前台操作界面

综合效能调适平台前台基本功能介绍　　　　表 4-2

基本功能模块	功能概述
项目基本信息	项目基本信息包括项目信息、建筑信息、设备信息、项目进度、团队成员、会议纪要、问题日志及工作提醒功能。以上功能涵盖了全部的项目管理功能。 项目信息包括：项目编码及名称、开始和结束时间、项目概况、调适范围及系统、调适团队、项目的各项文件。 建筑信息包括：建筑名称及地点、面积、楼层、建设及竣工日期、建筑图纸。如项目有 BIM 模型，则以上信息可直接导入。 设备信息以四个维度展示：设备个体维度、现场调适阶段维度、任务分配维度及时间维度。 项目进度包括项目的执行进度和调适任务进度。执行进度主要是项目管理，调适任务进度是现场调适工作管理。进度可以用甘特图及日历展示。 团队成员以调适角色进行划分，包括业主代表、调适顾问、设计单位、施工单位、设备供应商等
创建项目信息	对于新项目，首先需创建项目，输入相关信息，完成后会在项目信息页显示。创建项目需要输入的内容包括：项目和建筑信息、设备信息、文件信息、项目执行内容、项目调适任务、调适团队
我负责的项目	我负责的项目是指用户为项目负责人的项目，用户具有修改、编辑及分配该项目的最高权限。该部分会显示工作提醒、设备分类任务、任务分配、我的任务等内容
我参与的项目	我参与的项目是指他人为项目负责人，用户参与其中的一部分工作，用户仅能查看和修改与用户相关的信息
会议纪要与问题日志	会议纪要、问题日志及工作提醒都是辅助提高项目执行的工具，可直接在平台记录相关内容，也可线下记录后上传文档至各个模块

在软件功能方面应包括调适说明、调适内容、调适步骤、数据记录及处理、结果审核等功能。后台的功能是提前将以上内容嵌入到 APP 中，前台即 APP 则是根据用户操作习惯及现场调适顺序进行开发。

1. 后台功能应用

调适工具包的后台已嵌入调适平台软件中。后台功能包括工具设计及信息调用，如图 4-6 所示，其具体功能如表 4-3 所示。

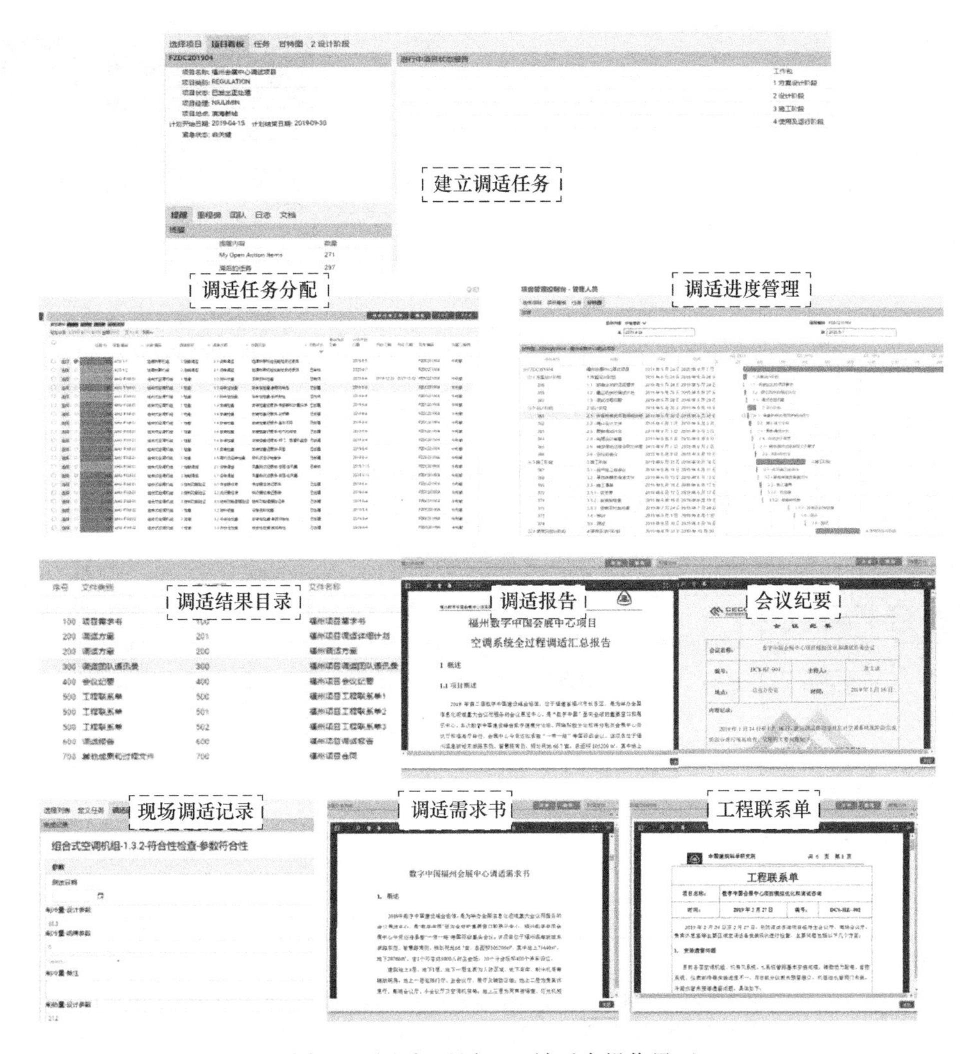

图 4-6 调适工具包 PC 端后台操作界面

调适工具包后台基本功能介绍 表 4-3

基本功能模块	功能概述
工具设计	平台中的调适工具管理是调适工具包 APP 的设计端口。调适流程制定各项设备及系统的标准操作内容，如检查、性能调适、功能验证等
信息调用	为方便现场操作，APP 可直接调用平台已创建的项目信息，包括项目的建筑信息、设备信息、人员分配信息等。APP 记录的调适数据将及时上传至平台，与平台共享。项目负责人可及时查看。如现场部分测试未使用 APP，也可在方便时使用 PC 端调适平台批量输入

2. 前台功能应用

调适工具包前台即手机端APP，一般用于现场调适工作。前台设备性能调适方法的研究成果为开发基础，应包括暖通空调系统、给水排水系统、电气系统和自控系统主要设备和系统的调适程序和调适方法，基本架构如图4-7所示。

根据架构图信息可知，前台界面包括四部分：首页、项目管理、我的任务和离线任务。前台操作界面如图4-8所示，其具体功能如表4-4所示。

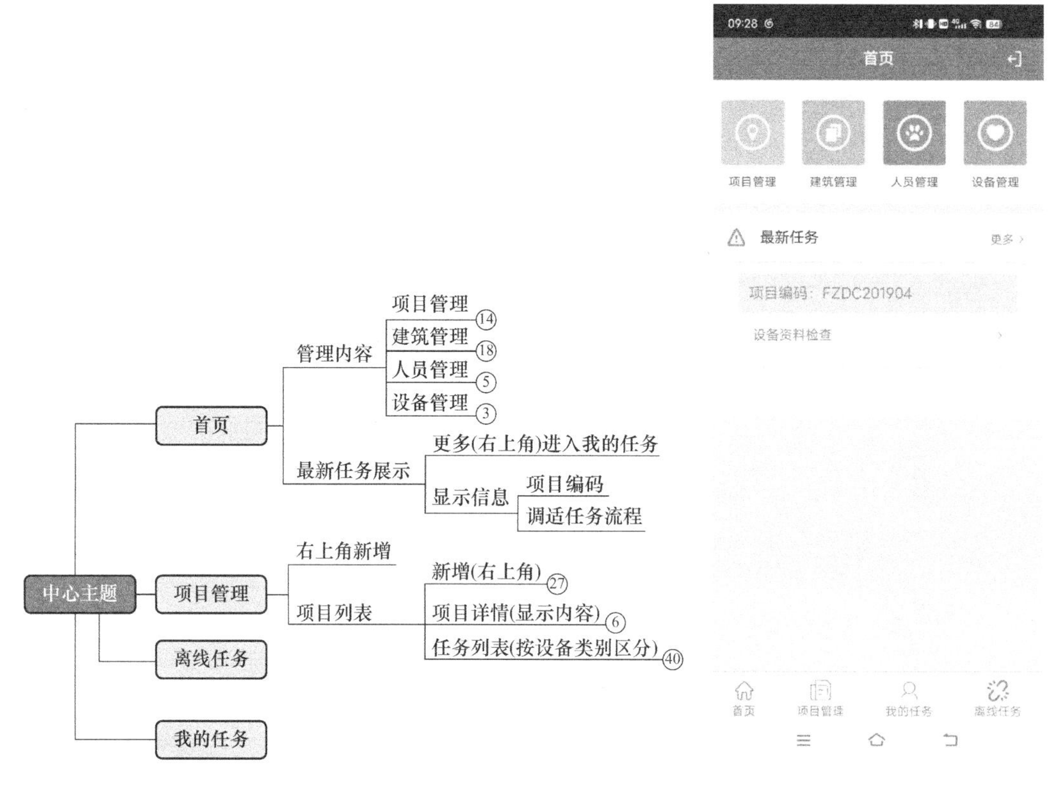

图4-7　调适工具包前台功能基本架构

图4-8　调适工具包前台操作界面

调适工具包前台基本功能介绍　　**表4-4**

基本功能模块	功能概述
项目管理	在项目管理中，用户可直接点击需调适的项目。如当前项目未创建，也可在APP创建。创建项目首先需选择或新建建筑，然后新增设备。如没有新增设备，则无法新增调适任务
我的任务	进入项目后，可查看项目中的调适任务。调适任务按设备分类。可查看整个项目的调适任务和分配给用户的调适任务。如需调适的设备未在列表里，则选择新增调适任务后开展调适工作
调适步骤	设备和系统的调适步骤一般包含检查、性能调适及控制功能验证。各步骤包含了多项工具，如检查包含了资料核查、符合性检查和安装检查等。检查类的各项条目主要为判断语句，例如是否已正确安装阀门，选择是或否。测试类的各项条目主要为数据记录及处理。例如，记录了测试的风管动压，直接计算得出风量，并可与设计值进行比较，然后判断。各项调适记录均可新增、修改和删除。但若该设备已提交审核，则无法进行修改，需联系项目负责人处理

续表

基本功能模块	功能概述
成员管理	作为项目负责人，可将调适任务分配给所在的团队成员，此操作可在平台处理，也可在APP处理。当用户收到分配的任务时，登录即可查看到被分配的任务

4.1.4 软件特色

根据全专业协作调适平台的建设目标和功能需求，其具有以下优点：

(1) 简单易用性：在系统设计时，坚持系统功能要清晰、简洁、友好、易用。以人为本，做到界面美观、友好、标准，操作流畅，有良好的用户体验。在一致的用户界面中，注重系统的整体风格布局，精心设计界面中诸如按钮位置、数据表现方式等细节，使操作者能够方便地操作和比较容易地理解界面所表达的信息和内容，便于用户快速掌握系统的使用。软件本身要最大限度地简化操作，尽量不需要长时间训练和磨合，在相当短的周期内就可以迅速为使用人员接受和乐于使用。而对于系统的管理和维护人员，系统具有可管理和易于维护的特点。力求以最少的人力资源和技术要求，就能够很好地维护和管理系统的正常运行。

(2) 可靠性：可靠性对于系统来说尤为重要。在尽量保证功能可靠的基础上，通过一个健壮的体系结构来确保系统能够在硬件和软件出错的情况下可以迅速恢复平稳运行。

(3) 实用性：为确保系统的实用性，选用比较成熟而稳定的技术，针对信息流的特点采用合适的系统结构，使整个系统达到最高的性价比，并尽量简化用户的操作步骤，使系统容易被使用。另外，对于一套部署范围比较广的系统，其培训成本和维护成本在整个系统成本中占有非常大的比重，针对这一特点，需要使用B/S模式来设计系统，对于普通用户，将完全使用浏览器/服务器（B/S）模式，降低用户的操作难度，减少培训成本，同时也为降低系统维护和升级的成本打下很好的基础。

(4) 扩展性：全专业协作调适平台是一个开放系统，在满足现有功能需求的基础上，要考虑后期系统的可扩展性。系统可扩展性的程度，直接影响到系统的生命周期。

(5) 先进性：作为机电系统调适技术的应用系统，该系统除了必须满足当前的应用要求，在整套系统的设计过程中，还必须强调先进性。

(6) 灵活性：信息技术是不断发展的，用户的应用需求也是发展和变化的。在设计中，充分考虑需求的变动，保证系统能适应应用的扩展和升级，以及日后的全面实施推广应用工作。系统应具备灵活的设备和系统统计、分析、管理功能，对系统中各个子系统用到的基础信息，由系统统一进行管理，可由系统用户在特定的界面自行定义，各子系统分别调用。可对所有数据进行汇总、统计、分析。

(7) 共享性：在本系统平台的建设中，要能提供方便快捷的信息发布、交流和共享。只有通过信息交流和共享才能快速、方便地实现调适团队各方的沟通和交流，才能快速体现系统的价值。通过信息和资源的共享，加强了调适团队之间的联系。打破专业和团队的分割，实现互联互通，数据共享。在共享过程中，严密和有效的权限控制和分级管理是实现安全共享最重要的基础。

(8) 统一界面风格、桌面应用入口：统一的界面风格和桌面应用入口不但是系统简单易用的前提，同时也体现了系统的平台特性。系统应该与相关系统在多个层面上进行衔接。首先是整体的界面链接，统一的界面风格；其次，是统一的安全认证体系；最后，是无缝的数据交换。

（9）标准和规范化：统一标准和规范是实现互联互通、信息共享、业务协同的基础。国内外信息化的实践证明，信息化建设必须有标准和规范化的支持，尤其要发挥标准化的导向，以确保其技术上的协调一致和整体效能的实现。

（10）框架结构：在整套系统中，采用面向服务的 SOA 思想进行系统的架构设计，在保证系统稳定性的前提下，采用“插件模式”，即整个系统所有模块的管理（包括权限、界面个性化定制、用户等）由主框架模块管理，个别模块的添加和删除可直接在管理工具中进行，而不会影响到整个系统其他模块的运行。

（11）多层体系结构：系统应该真正符合三层浏览器/服务器（B/S）体系结构，随着应用水平的提高、规模的扩大和需求的增加，无需对系统的体系结构做较大的改变就可以对系统的功能实现扩展。

（12）安全性：提供全方位的信息安全体系，确保系统应用及用户数据传输、存储安全。

4.2 建筑能源系统在线诊断和调适平台

本书的前述章节已经介绍了基于历史数据与机器学习算法的空调负荷预测，并结合最优预测模型与未来时刻天气信息实现近零能耗建筑空调负荷预测。为了近零能耗建筑能源系统最大限度的系统节能，基于研究开发的通用型设备模型辨识方法和改进后的粒子群算法，结合计算机前端语言开发可操作的近零能耗建筑能源系统在线诊断和调适平台，使得近零能耗建筑能源系统的在线运行调适更具有可操作性与通用性，方便从业人员使用。

4.2.1 平台架构及界面

本平台旨在让普通用户能够通过对平台的简单配置实现在线的空调负荷预测、设备模型辨识、系统优化控制过程，无需了解算法原理。如图 4-9 所示，平台主要分为三个模块：负荷预测、模型辨识、优化控制。各个模块有相应的操作按钮，用户只需要按照提示逐步完成配置过程，即可实现上述功能。

图 4-10 为平台登录界面，用户需要在该界面注册账号，通过账号验证登录平台。

图 4-11 为平台主界面，在主界面可点击不同的功能按钮进入相应的功能界面。

4.2.2 模块使用说明

1. 负荷预测模块

图 4-12 展示了负荷预测模块的操作界面，在该界面用户可以上传本地数据文件作为模型训练数据，或者选择连接数据库选择所需数据。选择数据来源后进入下一页配置其他信息，配置信息包括：项目所在城市、建筑类型、测试集占比等。配置完成后即可进行预测训练，在“结果输出”界面用户可以得到模型训练结果与未来 24h 的预测负荷曲线，并

可将结果保存至本地（图 4-13）。

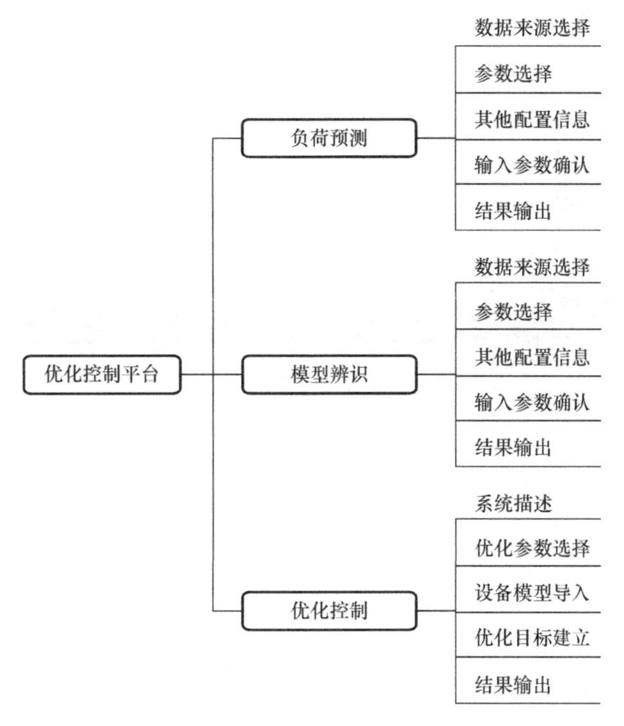

图 4-9　平台主要模块

图 4-10　平台登录界面

图 4-11　平台主界面

图 4-12　负荷预测操作界面

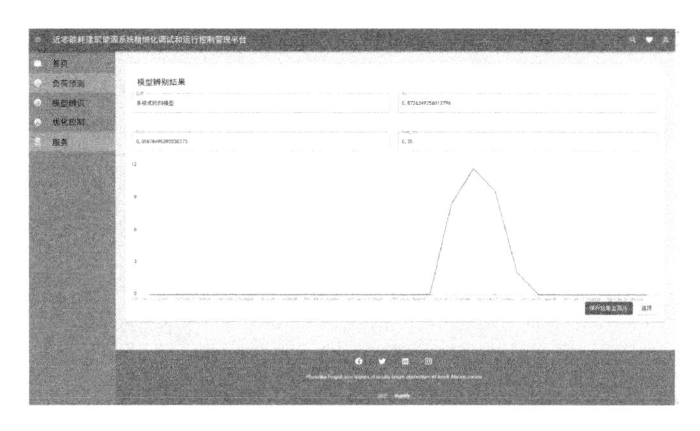

图 4-13　负荷预测结果界面

2. 模型辨识模块

在模型辨识模块操作界面，用户可以上传本地数据文件作为模型训练数据，或者选择连接数据库选择所需数据。与负荷预测模块不同，用户无需指定训练参数的维度，系统将自动计算各个输入参数与输出参数的相关性，自动选择训练参数。选择数据来源后进行其他信息的配置，配置完成后即可进行模型训练。在“结果输出”界面用户可以得到模型训练结果与模型拟合曲线，并可将结果保存至本地（图 4-14）。

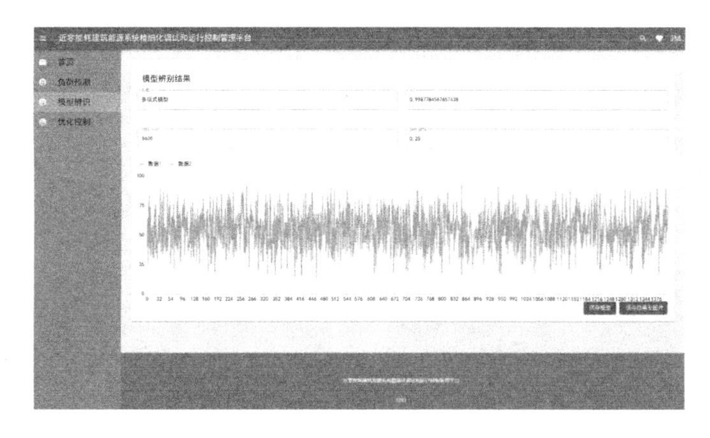

图 4-14　模型辨识结果界面

3. 优化控制模块

在基于预测的前馈控制系统中，未来时刻的负荷预测结果作为系统已知值，是冷站系统需要承担的制冷量；模型辨识结果是各类设备在不同工况下运行性能的体现，是实现优化控制的必要条件。图 4-15 展示了优化控制模块的操作界面，在“系统描述”操作界面，用户可以选择系统中的设备类型与设备数量。在“优化参数选择”操作界面，用户根据系统中的可控参数，选择需要优化控制的参数。在“设备模型导入”操作界面，用户可以选择由模型辨识模块输出的最优模型文件，将各个设备的模型文件导入系统。

图 4-15　优化控制操作界面

4.2.3　小结

本平台基于空调负荷预测、设备模型辨识、系统优化控制的研究成果开发完成。未来时刻的负荷预测结果作为已知值，是冷站系统需要承担的制冷量；模型辨识结果是各类设备在不同工况下运行性能的体现，是实现优化控制的必要条件；优化控制需要选择必要的控制参数、建立优化条件与目标函数，实现系统优化控制参数的输出。其中负荷预测模块与模型辨识模块可以为独立模块，即用户可以独立使用其中任一功能并输出结果。

本节开发的平台为 1.0 版本，后续将在使用过程中不断优化改进，以减少人为配置、增强平台普适性、提高平台使用性能为目标，不断改进，打造一个更具可操作性与通用性的近零能耗建筑能源系统在线诊断和调试平台。

4.3　室内环境主客观评价及动态监测系统

4.3.1　系统设计架构

本研究依据近零能耗建筑能源系统运行特点及人员需求特性，开发具有可通信、自主学习的近零能耗建筑可移动室内环境主客观监测系统（Digital Advanced Management & Auto robot，简写为 DAMA），包含 3 级架构设计，如图 4-16 所示。

1. 架构设计

（1）基础层级。实现基础数据收集，包括室内人员舒适度和温度需求数据采集、室外环境参数采集、室内环境参数采集，以及系统侧流量、温度等参数采集。

（2）数据层级。采集数据通过磁盘存储并实现网络端上传，移动系统磁盘存储数据供机器学习程序调用，管理员可实时在平台进行浏览查阅。

（3）控制策略层级。基于 Windows 操作平台，通过软件实现采集数据调取，对人员不同温度、不同时段下采集的舒适性评价对应温度区间进行降噪学习，生成基于工位 ID

的人员离散性舒适性需求。根据室内实时在室人员设定满意率计算得到室内温度控制参数，并反馈至 DDC 控制侧，实现末端温湿度调节。

2. 参数采集

DAMA 基于移动端传感监测，实现实时采集上传室内外环境及人员差异化舒适性需求，所有采集数据依据系统和人员分为三个部分，如图 4-17 所示。

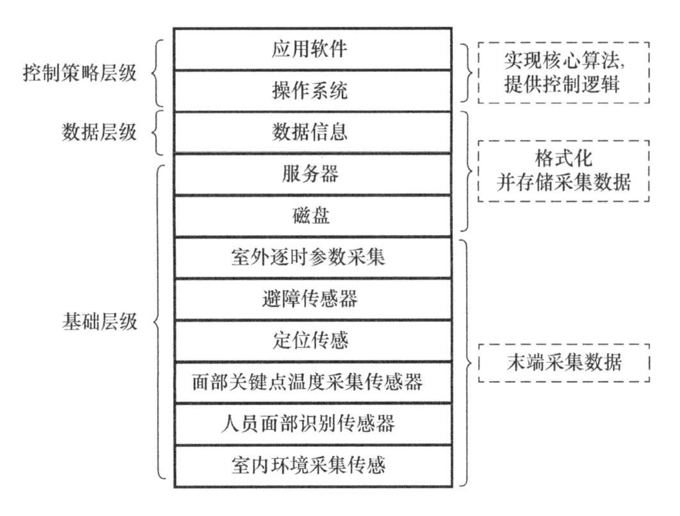

图 4-16　DAMA 层级架构设计

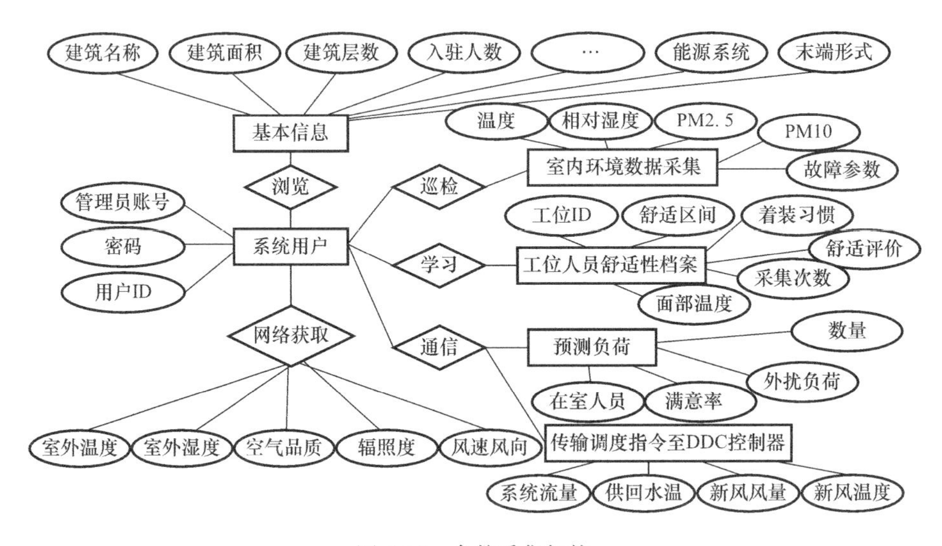

图 4-17　参数采集架构

（1）网络获取。根据当地气象站发布的天气预报及实时气象参数，以 30min 为间隔进行数据下载，下载的数据包括室内外温度、室外相对湿度、室外空气品质（PM2.5 浓度、PM10 浓度、硫化物浓度等）、室外太阳辐照度、室外主导风向、平均风力等。

（2）巡检监测。系统移动端架载高精度传感器，可按照预设巡航路线进行逐点室内环境参数测量，测量数据包括室内温度、室内相对湿度、室内空气品质（CO_2 浓度、PM2.5 浓度、PM10 浓度）、室内固定点风速等。

(3) 人员舒适性档案。系统移动端依据预设路线对单人或多人办公区间进行逐工位面部关键点温度采集，并邀请该工位人员对当前室内环境进行舒适性问卷回答。根据室内环境参数和人员舒适性感受，建立该工位人员舒适需求特征档案。

3. 功能设计

DAMA的核心控制系统采用UNI-APP模式开发，使用VUE开发所有前端应用的框架，通过HBUuilder X内置相关环境和可视化界面。UNI-APP模式接口能力规范与小程序规范相近，能够应用于Android、IOS、H5等操作环境。体统主要功能如图4-18所示。

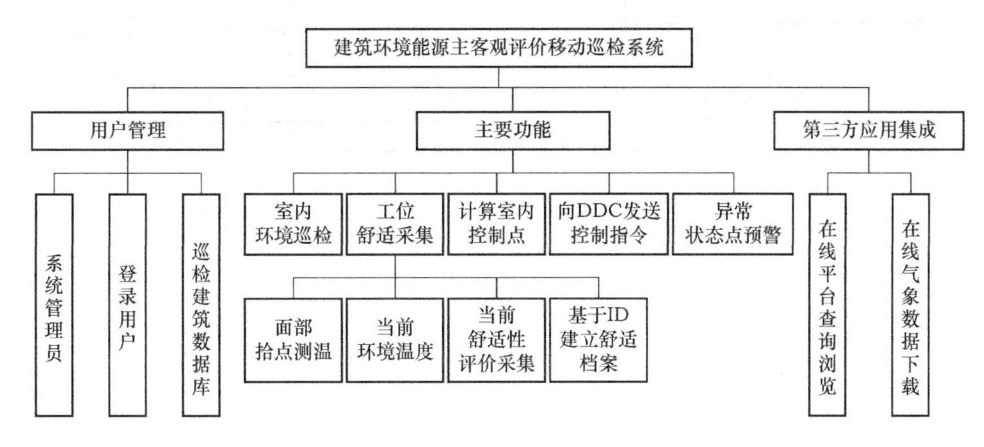

图4-18 主要功能设计

DAMA主要承担的任务可以分为三个方面：

(1) 在规定时间内完成既定路线巡逻任务。定时巡检任务区域内环境温度、相对湿度、CO_2浓度、环境风速等室内环境参数。监测记录辐射吊顶表面温度，实现与楼控系统数据交互通信，数据传输频率为5min 1次。

(2) 人员舒适性档案建立任务。按设定路线逐工位邀请在室人员进行舒适性评价并记录受访人员即时额温。根据室内环境参数和人员舒适性感受，建立该工位人员舒适需求特征档案，如图4-19所示。

(3) 监测到异常工况点的确认测量。当人员反馈不满意时，同样记录当前环境及微环境参数，并进入终端逻辑判断，根据不满意工位数量及分布区域，控制响应区域末端风系统进行微调，逻辑判断架构如图4-20所示。

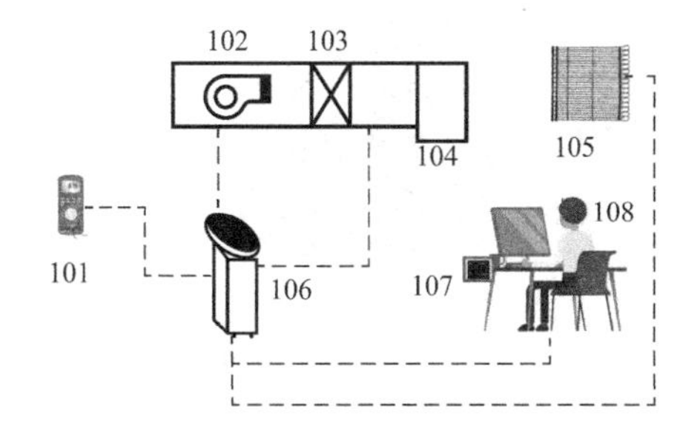

图4-19 巡检机器人工作系统原理

当有受访者上报不舒适问卷，或巡检工况上报室内环境参数超出规定范围时，巡检机器人上报故障指令，并记录环境改善速率，直至工作人员恢复室内环境参数至舒适区，同时记录工况修复点和状态发生原因，逻辑架构如图4-21所示。

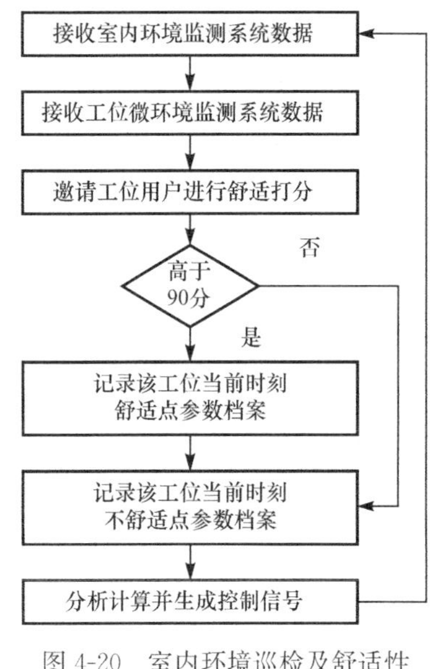

图 4-20　室内环境巡检及舒适性数据采集逻辑架构

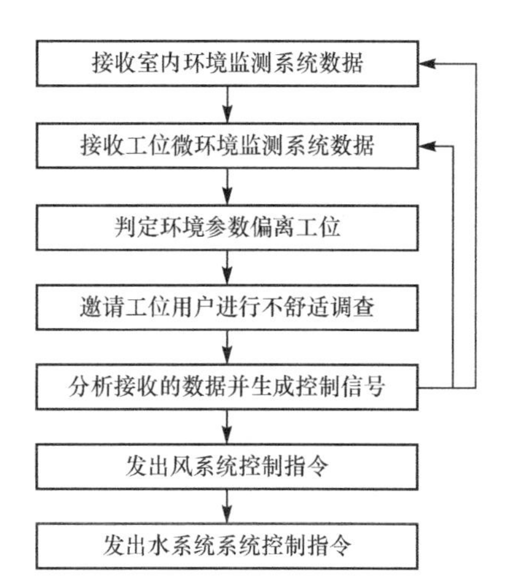

图 4-21　室内环境巡检故障判定逻辑架构

4.3.2　功能实现

DAMA 采用开放式架构，多场景无轨避障行进系统，搭接 Android 平台，通过自主开发程序可与现有巡检测试需求无缝对接，可拓展模块联通架载室内环境及人员检测传感器，实现各项任务的设定和执行，系统示意图如图 4-22 所示。

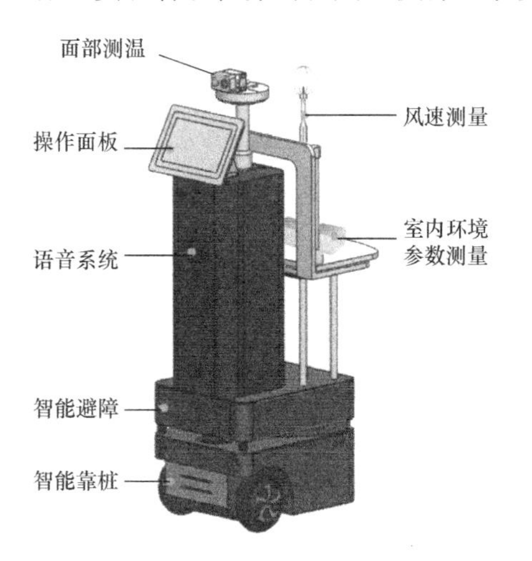

图 4-22　DAMA 系统示意图

1. 室内环境测量

DAMA 环境温度监测系统通过架载高精度传感器进行室内环境参数移动测量，根据不同测量参数需求稳定时间通过包络线确定测点停留时间，具体环境参数测试内容如表 4-5 所示。

2. 人员舒适性档案建立

(1) 人员面部温度获取

架载面部识别感温摄像头，采用非侵入式人体温感检测，采集人体面部不同区域特征点在不同温度下的人体面部彩色图像，根据采集到的人体彩色图像和对应的采集温度建立对应采集者的饱和度标尺数据。具体的，在示意性实施方式中，选取 10～35℃的数个温度监测点，采集人体面部特征点在不同环境温度检测点的人体彩色图像，根据人体彩色图像中人体皮肤区域的变化计算获得饱和度标尺数据，并且与对应采集者身份数据一起存储到数据库中。

(2) 室内环境主观评价动态评价

在室内环境舒适性的研究中，以丹麦 Fanger 教授提出的 PMV 热舒适评价指标体系作为主导，被广泛应用于研究和实际调查问卷的设计中，其将人体的热感觉进行分级投票，以0代表热舒适，并在−3～+3范围内给受访者进行打分，具体分度表如表4-6所示。

室内环境参数设置 **表4-5**

监测参数	仪器名称	测试范围	准确度
温度	温度自计议 WZY-1	−40～100℃	±0.1℃
相对湿度	温湿度自计议 WSZY-1	−40～100℃ 0～100%RH	±0.1℃ ±3%RH
CO_2 浓度	环境空气质量监测仪	0～5000ppm	±75ppm
PM2.5 浓度		0～5000μg/m³	±10%
外墙内壁面温度	红外测温仪	−20～280℃	±0.2℃
辐射顶棚表面温度			
新风量	WWFWZY-1 型无线万向风速风温记录仪	温度−20～80℃ 风速 0.05～30m/s	±0.5℃ ±0.5m/s
面部测温	面部识别红外成像测温相机	0～100℃	±0.5℃

PMV 分级表 **表4-6**

热感	热	暖	微暖	中性	微凉	凉	冷
PMV 值	+3	+2	+1	0	−1	−2	−3

问卷调查的好处是可以推进用户对环境舒适度的反馈，但问卷设计问题过于标准化，无法体现并记录用户的不舒适原因和实际需求，最重要的是，发放问卷及收集问卷需要耗费人力及受访者的配合。因此不论是纸质问卷调查，还是电子问卷调查，都被认为是不可持续性的行为。且传统调查问卷的设计更加偏向静态环境满意度调查，调查结果服务于室内环境控制效果。前期开发的室内环境控制 APP 中，邀请用户对本研究中使用动态调查方式，巡检机器人根据室内温度、相对湿度、空气品质、风环境、光环境等进行舒适性调查，并记录受访者所在局部区域当前温度。同时，问卷还对受访者评价次数和每日期望评价次数进行统计，对于无需求工位可以设置免打扰模式。

动态舒适性评价可以有效避免问卷提交不及时、舒适性评价信息与室内环境参数无法完全耦合的问题，可以较真实地反映出人员对当前工位环境的直观感受。同时，逐工位巡检可以很好地记录在室人员的舒适性需求。

人体舒适性数据采集结果统计如图4-23所示。

3. 能源系统联动

DAMA 通过计算在室人员分布，计算确定控制室温、反馈给楼控平台 DDC 控制器末端，计算末端支路控制阀开度及系统切换模式。该模块功能可依据不同系统复杂程度进行后续开发设计。

4.3.3 应用情况

1. 应用场景

以 CABR 近零能耗楼为例，选取其标准办公层——三层温湿度独立控制系统，末端形式为吊顶冷热辐射系统+新风系统，独立冷热源为太阳能吸收式空调机组，辅助冷热源为地源热泵主系统。其中地源热泵系统兼具其他楼层的冷热源。

典型房间选取原则同本书第 3.3.3 节。

序号	机器人名称	工程	点位	体温数据	人脸图片	温度(℃)	相对湿度(%)	CO_2浓度(PPm)	PM2.5浓度(μg/m³)	创建日期
1	048	默认	A012	36.6		26	62	510	15	2021-09-24-09:56:57
2	048	默认	A007	37.1		25	64	503	11	2021-09-24-09:50:21
3	048	默认	A006	36.4		25	64	500	12	2021-09-24-09:49:16
4	048	默认	A004	37		24	66	492	11	2021-09-24-09:44:22
5	048	默认	A002	37.5		24	68	489	14	2021-09-24-09:41:52
6	048	默认	A007	36.9		28	48	554	4	2021-09-23-15:11:10
7	048	默认	A006	36.8		28	48	549	6	2021-09-23-15:09:56

图 4-23　人体舒适性数据采集结果统计

2. 应用效果

DAMA 于 2021 年 4 月 7 日正式试运行，截至 9 月 30 日，期间根据实际受访频次、环境变化敏感度，设定不同巡检模式。规定时间内完成巡逻任务，主观邀请人员进行舒适性评价，实时记录室内人员舒适情况，完成主动反馈并关联实时能耗。除部分客人到访导致工位多人同时在场，判断结果有误外，共采集有效样本数近 6000 条，如表 4-7 所示。

不同巡检模式样本数采集　　表 4-7

模式	巡检时间	巡检范围	采集样本数	有效样本数
模式一	9：00、10：30、13：30、15：00、17：00	设定全域	1610	1100
模式二	10：00、11：30、16：00、18：00	设定全域	4760	4525
模式三	监测到异常值时	设定全域	132	61

为验证室内环境参数移动检测结果的准确性，与固定传感器进行比对可以发现，足够的停留时长，与固定监测点的温度监测结果偏差在 0.2℃范围内，可以作为工程运行判断应用，具体对比结果如图 4-24 所示。

3. 监测能力

经过路线规划和测点反复调适选择后可以得到，DAMA 执行一次环境巡检所需要的时间为 11.5min，完成 16 个人员工位舒适性数据采集和 130 个环境参数监测，如表 4-8 所示。

DAMA 行进最大速度为 1.2m/s，鉴于避障和访客邀请，以 0.8m/s 作为实际平均行进速度，每个房间依据建筑面积和布局复杂程度设定 3～8 个定位监测点，则执行完耗时 27min，完成全部 39 个人员工位舒适性数据采集和 670 个室内环境参数监测采集。按照进行实际工作功率为 120W，最大机械负载下工作 8h 计算，DAMA 每日充电 2h，可完成 7.2 次遍历巡检，及 3 次人员舒适度数据采集。

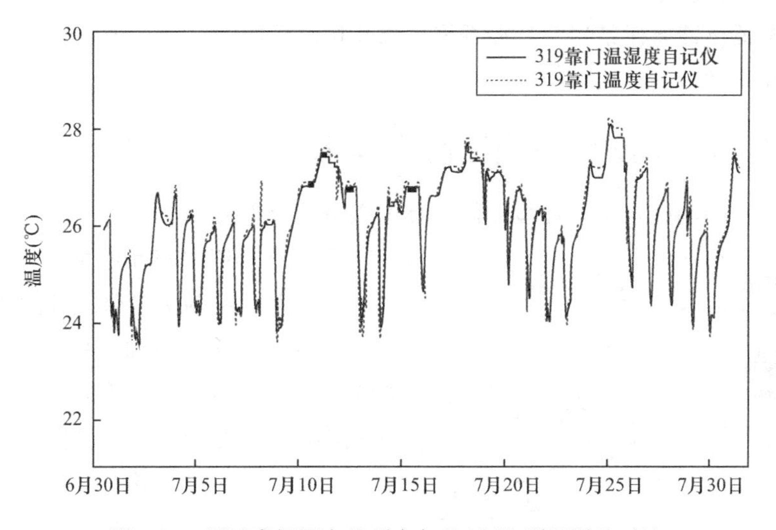

图 4-24　测试房间固定监测点与 DAMA 测温误差对比

DAMA 单次监测能力　　**表 4-8**

房间名称	人员采集数量（个）	环境巡检测点（个）	停留时间（s）
317	4	3	160
318	1	3	150
319	9	4	270
走廊	2（随机访客）	3	110

4.3.4　小结

本研究开发了一套适用于多能源耦合系统且可满足较高舒适性控制需求的室内环境主客观评价移动巡检系统，集成了人体舒适性评价等衡量指标，可自动收集和分析工位人员在不同室内环境温度下的舒适性感受并积累形成个人舒适性档案，基于室内舒适性离散标准化模型，通过实际在室人员确定室内控制温度，并反馈给楼宇控制侧，实现高精度室内环境温度控制。

同时，该装置植入人工智能技术，实时追踪和报告建筑的各项可持续发展指标进展，帮助设施管理者确保建筑的高效、精准运维调适，追踪可再生能源利用效果、室内人员舒适度，为建筑室内环境主客观评价提供依据。

4.4　基于移动端的室内环境和能耗评价工具

4.4.1　移动终端室内环境评价工具构架

该移动终端的建筑室内环境评价工具基于建筑楼宇自控系统开发完成，评价工具的系统构架如图 4-25 所示。用户通过微信小程序或者 APP 反馈建筑环境的评价，评价信息传输至云端服务器并在服务器后端系统中进行信息汇总和相关分析，形成评价结果。评价结果通过云服务器反馈至建筑楼宇自控系统，参与机电系统的日常运维或仅用于评价。以下内容围绕仅用于评价的 APP 部分展开。

4.4.2 移动终端室内环境评价工具构成

基于移动终端的建筑室内环境评价工具由以下部分组成：

（1）移动终端交互界面；

（2）移动终端后台管理和配置系统。

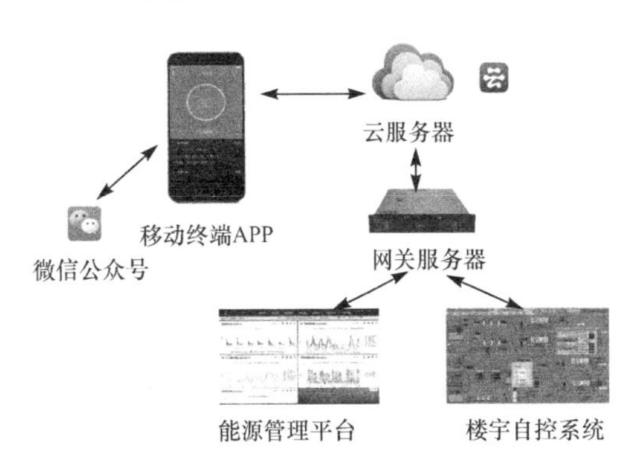

图 4-25 移动终端室内环境评价工具

移动终端交互界面主要用于信息的交互，即提交参与室内环境评价的用户基本信息、建筑基本信息、建筑室内环境信息，分析室内环境信息等功能页面。移动终端后台管理和配置系统包含 APP 前端各项功能的配置界面、信息编辑界面，权限管理界面和 APP 数据处理数据库。

整个系统基于云平台构架，实现不同终端系统、不同平台系统之间的数据互联和互通。

4.4.3 评价工具功能介绍

1. 首页一览

首页显示建筑总体指标和基本信息（图 4-26）。使用人员打开 APP 即可在首页看到拟评价建筑的基本信息，包含但不限于建筑面积、地点、办公人数、投入使用时间等基本信息，还包含建筑在舒适性、节能性和安全性的综合评价得分，以及建筑室内外温湿度、PM2.5 等参数信息。

图 4-26 首页一览界面

2. 室内环境参数展示

室内环境分析集中展示用户查看的房间的各项环境指标，包含但不限于室内温湿度、室内 CO_2 浓度、室内 PM2.5 浓度等环境参数（图 4-27）。APP 上显示内容可基于楼控系统开放的数据内容进行选择。

3. 功能页面

该页面集中显示了 APP 的所有功能（图 4-28）。

4. 室内环境评价

点击环境评价功能图标，进入环境评价页面。用户选择预开展评价的房间或者区域，分别点击温度、湿度、噪声等参数进行评价。评价完成后点击提交，评价结果自动上传并按照平台内嵌的算法进行分析计算，获得不同人员对不同房间内的室内环境参数的评价。需要说明的是，可进行环境评价的内容可以通过移动终端管理系统后端添加，图 4-29 中展示的仅为部分评价内容。

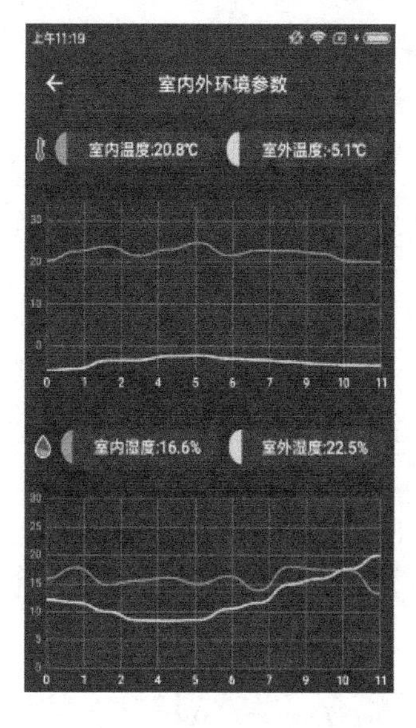

图 4-27　室内外环境参数展示页面

图 4-28　功能页面

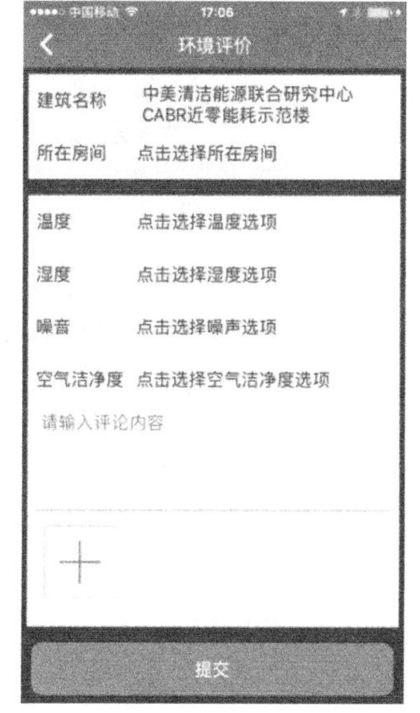

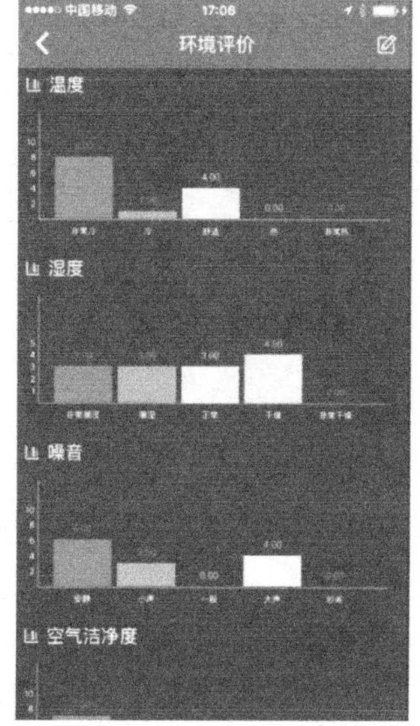

图 4-29　室内环境参数评价页面

4.4.4　基于移动终端环境评价 APP 的室内环境满意度反馈

基于移动终端室内环境评价工具，展开对 CABR 近零能耗示范楼的室内环境舒适度满意度的调研分析。满意度调研包含工位视觉、室内环境温湿度、噪声的方面。

1. 视觉舒适度分析

视觉舒适度分析从工作区总体照明质量满意度、照明视觉舒适性满意度方面进行意见反馈和收集。调研期间，共有 61 位室内人员通过 APP 对建筑环境进行了评价。针对各专项的环境评价情况如下所述。

（1）工作区的总体照明质量满意度情况

针对工作区的总体照明质量进行了调研，结果如图 4-30 所示。对评价结果进行统计，分析发现95.8%的人对工作区总体照明情况表示满意，3.28%的人对工作总体照明情况表示不满意。其中：非常满意占比42.62%、很满意占比35.43%、满意占比18.03%、一般占比2.66%，不满意占比1.26%。

（2）照明视觉舒适性满意度情况

针对工作区的总体照明视觉舒适性的满意度进行了调研，结果如图 4-31 所示。对评价结果进行统计，分析发现99.71%的人对照明视觉舒适性表示满意，0.29%的人对照明视觉舒适性表示不满意。

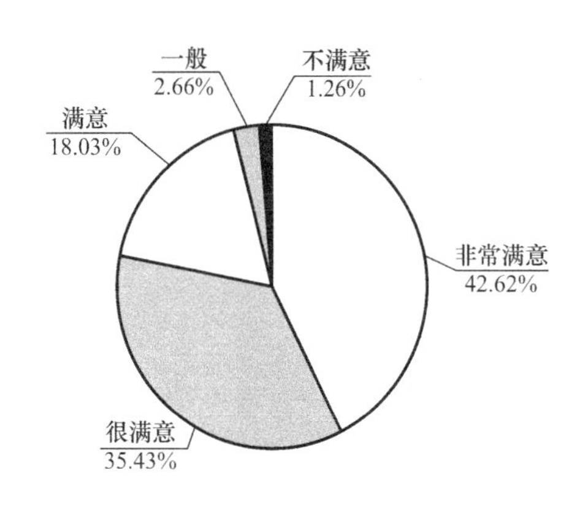

图 4-30　工作区的总体照明质量满意度情况

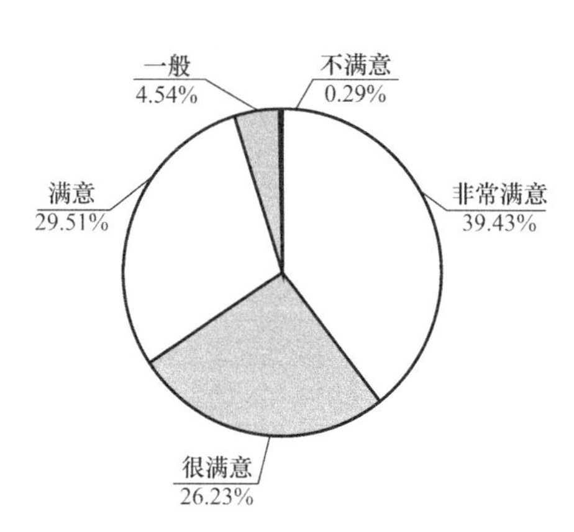

图 4-31　照明（眩光、反光、对比）的视觉舒适性的满意度情况

2. 室内环境满意度分析——热舒适度

（1）工作区温度满意度情况

针对工作区的温度满意度情况进行了调研，结果如图 4-32 所示。对评价结果进行统计，分析发现67.39%的人对工作区温度表示满意，29.8%的人认为温度舒适度一般，2.81%的人对工作区温度表示不满意。

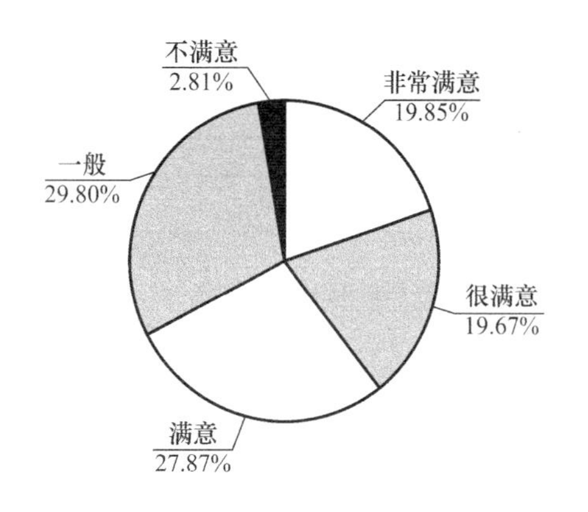

图 4-32　工作区温度满意度情况

（2）工作区湿度满意度情况

针对工作区的湿度满意度情况进行了调研，结果如图 4-33 所示。对评价结果进行统计，分析发现77.95%的人对工作区湿度表示满意，3.2%的人对工作区湿度表示不满意。

（3）室内噪声满意度调研

针对工作区的室内噪声满意度情况进行了调研，结果如图 4-34 所示。对评价结果进行统计，分析发现80.33%对工作区噪声程度表示满意，1.64%对工作区温度表示不满意，18.03%对室内噪声反馈一般。

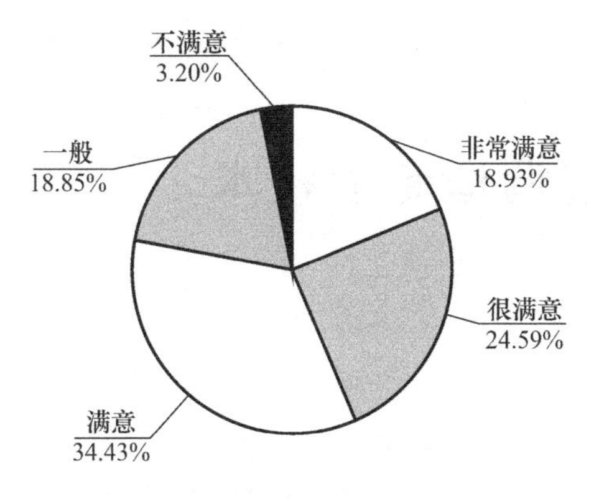

图 4-33 工作区湿度满意度情况

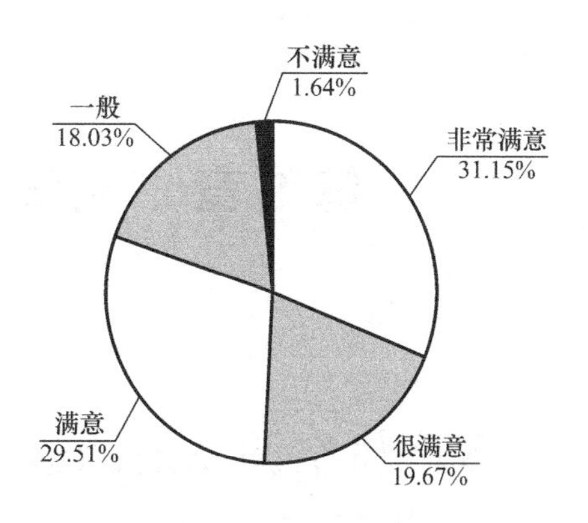

图 4-34 工作区噪声情况

4.4.5 小结

在对 CABR 近零能耗示范楼的日常运维管理过程中，为了更加直接地了解建筑用户对室内环境的反馈，项目组开发了基于移动终端的建筑运维管理 APP，用户可通过 APP 实时反馈室内环境情况。APP 具有多项功能，包含信息一览、设备巡检、报修、工单、报警、室内环境反馈等功能，以满足不同用户对建筑的需求，增加用户和建筑的日常互动，在信息化时代，更加便捷、高效地为用户服务。

首先围绕建筑室内环境内容，简单介绍了该 APP 的构架、功能和使用方法，之后对用户基于此 APP 开展的示范楼室内环境的评级进行了分析。共有 61 位员工通过该 APP 对建筑室内的照度、温湿度和噪声进行了反馈，分析结果显示，员工对该建筑室内的温湿度、照度和噪声环境较为满意。接近 70%的员工对室内照度、温湿度和噪声较为满意，20%多的员工感觉一般，仅有 3%～4%的员工对室内环境不是很满意。

基于移动终端的室内环境满意度评价系统扩展了建筑使用者和建筑管理者之间的互动方式，能够客观、直接地获取用户感受，为进一步提升管理质量提供了便捷和高效的工具。

第5章　能源系统调适专项技术

5.1　多联机空调系统调适技术

统计数据显示，建筑能耗占据我国总能耗的40%左右，而其中约50%的能耗用于建筑暖通空调系统（以下简称“空调系统”）。因此空调系统的节能优化运行在当前以及未来一段时间将成为建筑节能领域研究的热点问题。

多联机空调（热泵）系统（简称多联机，英文简称VRF）于20世纪80年代始于日本，相对于传统集中式空调系统，多联机省却了中间换热设备及系统，在能量交换过程中只有一次热交换，响应时间较短，能量损失小，具有节能、舒适、室内控制灵活等特点，在我国得到了广泛应用，其技术原理如图5-1所示[7]。

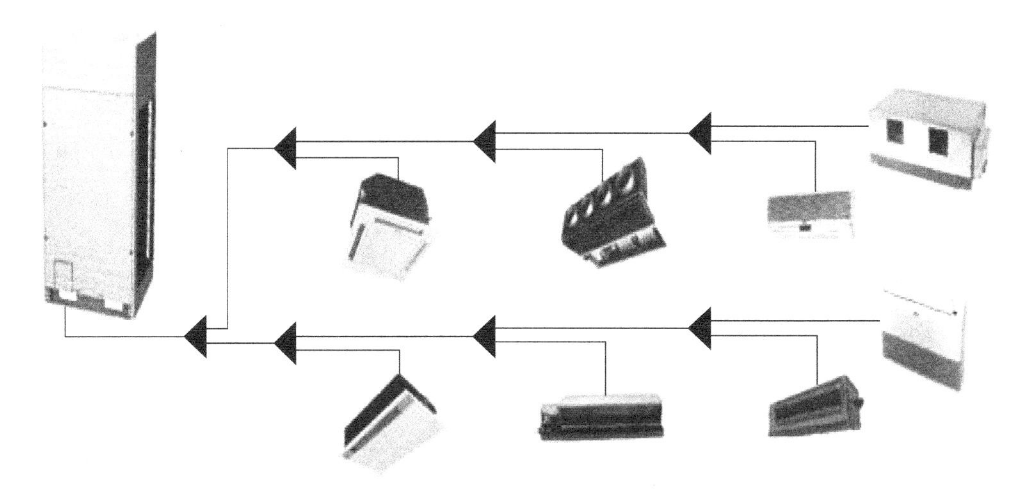

图5-1　多联机原理图

从产业发展阶段和规律来看，商用空调需求升级将演化出更为专业的细分市场，而随着应用场景的细分，用户也将对空调智能化的产品体验、数字化工程建设和运营及全生命周期的服务等能力提出更高的要求。以数据中心行业为例，对数据中心整体系统能耗来说，空调系统能耗为45%左右，迫切需要降低空调系统运行能耗。除从产品自身节能这一领域思考解决方案外，从使用过程中节能也是突破这一问题的关键[8]。将空调系统全节点数字化、合理运用云计算与大数据技术，采集分析空调系统运行数据，生成节能控制算法，指导设备高效运行，时刻修正空调各项运行参数，将设备节能水平与效率保持最佳，不失为一种创新型的技术解决思路。而达成上述目标的核心关键技术，即是以物联（NB-IoT、

5G、网络安全等）、云计算（边缘计算）、大数据、人工智能等为代表的物联网相关关键技术的发展。

多联机因为自身特点原因，对于外部控制来说相对封闭，压缩机、风机和阀的动作以及回油、除霜等功能均为机组自身控制，机组能效更多地由机组使用的部件和控制逻辑决定。除此之外，机组能耗还受外部环境和使用习惯的影响。物联网、大数据、云计算，这三个技术的发展使多联机在远程监控、提高舒适度、节能、适应用户习惯、减少故障等方面可以表现得更优秀、更友好。

5.1.1　物联网多联机

多联机通过物联模块采集并通过联网模块上传系统数据至云平台。当物联模块启动时，首先到固定的地址位读取空调的设备标记信息，然后将此信息传送给远程服务器，远程服务器通过 ota 技术，将对应的 json 格式解码配置文件发送到物联模块，物联模块依据配置文件中的配置采集设备数据。配置文件中包含需要采集的属性的名称、归属设备、数据通道、起始地址位、数据长度、数据类型、死区、上报频率等必要信息。

联网模块要求具备以下能力：

（1）不依赖用户网络；

（2）不依赖安装水平；

（3）上网速度快；

（4）可以远程升级和更改配置文件。

综合以上需求，有线网络和 WiFi 因为需要使用用户的网络先排除，2G、NB 因为网速较慢也排除，目前 5G 模组价格仍然较高，不利大面积使用，2G、3G 运营商已经在逐步退网，4G 是目前较合适的选择，对网速有特殊需求的项目可使用 5G 模块。

使用物联网技术的多联机具备自联网、自适应、自优化的基本特征，物联网多联机可以通过物联技术实现数据自演进个性化控制。机组安装后，安装位置即被锁定，机组可以根据具体的安装位置进行自我适应和优化控制。

物联网多联机远程监测系统具有如下特点：

（1）监测系统运行状态，如图 5-2 所示。

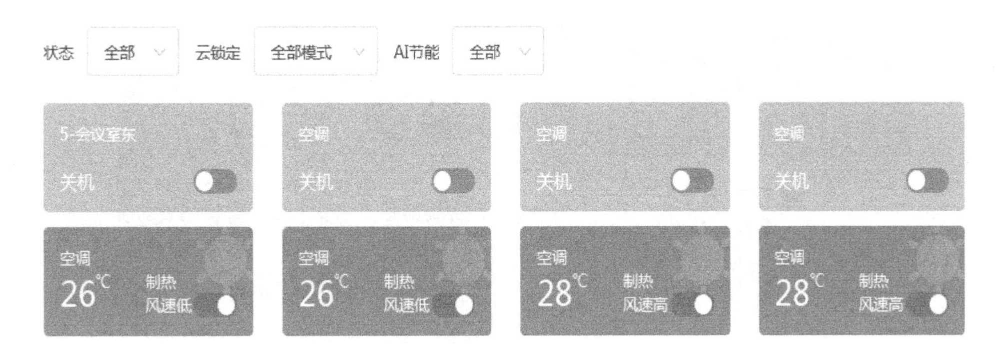

图 5-2　多联机内机监测状态（一）

（2）定时启动与关闭，如图 5-3 所示。

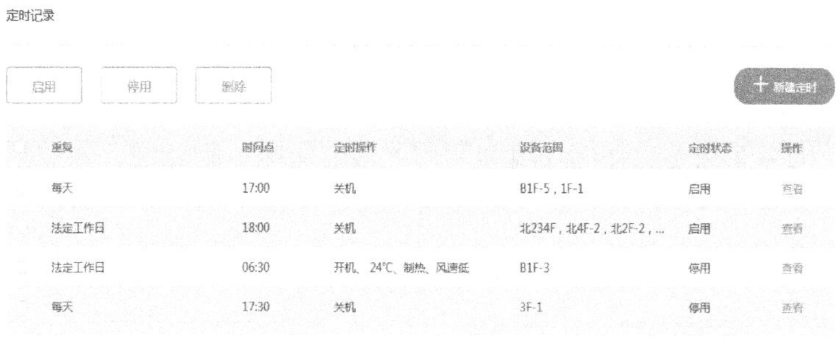

定时记录

启用 停用 删除 + 新建定时

重复	时间点	定时操作	设备范围	定时状态	操作
每天	17:00	关机	B1F-5，1F-1	启用	查看
法定工作日	18:00	关机	北234F，北4F-2，北2F-2，...	启用	查看
法定工作日	06:30	开机、24℃、制热、风速低	B1F-3	停用	查看
每天	17:30	关机	3F-1	停用	查看

图 5-3　多联机内机监测状态（二）

（3）远程调节机组运行模式，如图 5-4 所示。

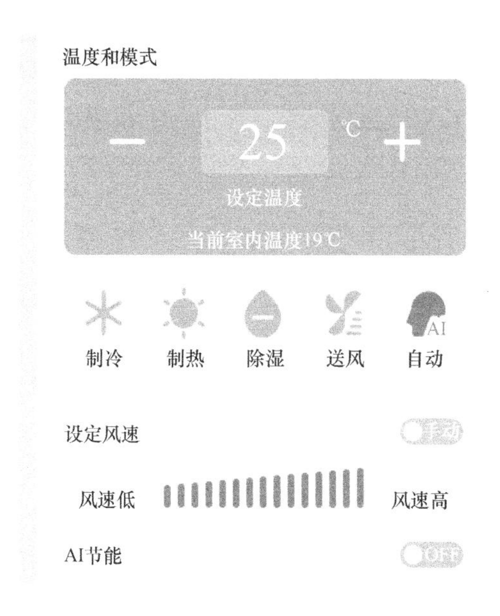

图 5-4　多联机内机运行调节

（4）多联机制冷（热）系统运行参数，如图 5-5 所示。

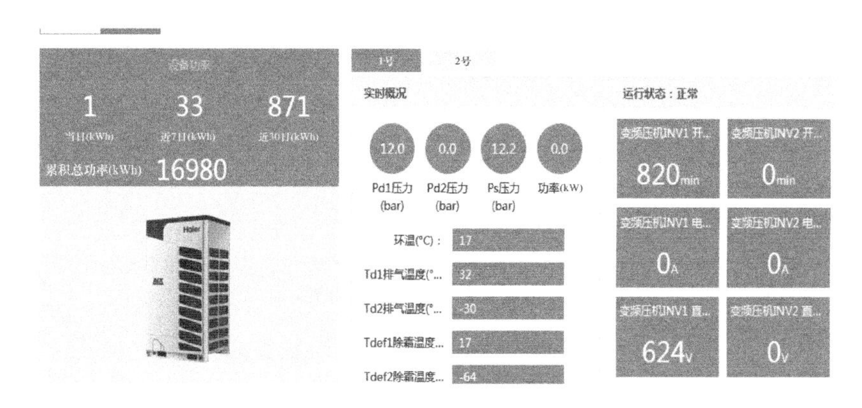

图 5-5　多联机外机运行参数查询

（5）历史数据保存与导出。多联机运行数据实时保存在云平台，可以查询任意时间段的历史数据，分析机组运行状态（图 5-6）。

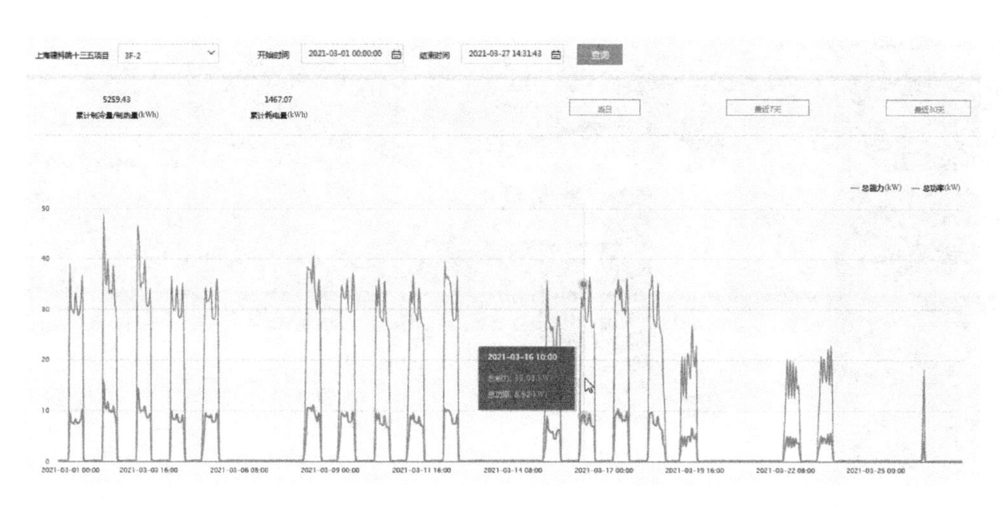

图 5-6　机组历史运行性能曲线

5.1.2　空调系统在线监测平台

为有效监测与控制空调系统运行，在物联网多联机监测系统的基础上，需整合气象监测系统、电量监测系统，搭建空调系统运行综合监测平台。监测数据主要包括：电力计量数据、空调运行数据、新风机运行数据、室内环境数据、室外气象数据、太阳辐射度等。

1. 环境监测

搭建气象站，能够测量温湿度、风速、风向、太阳总辐射、太阳斜面辐射等参数。

2. 多联机监测

采用自带数据云平台多联机系统，平台系统可以实现定量查看空调电耗，远程控制空调系统运行，灵活设定系统运行时间，能够查询包括设定温度、风速、运转状态、制冷剂系统运行参数（需要单独申请权限）在内的各类系统运行数据，如图 5-7 所示。根据舒适和节能要求制定详细的空调运行方案，通过云平台实现智能运行以及实时调节。

3. 新风机监测

安装电量监测仪，用于监测多联机和新风机外机消耗电量、功率、电压、电流、功率因数等参数。

4. 联合监控平台

建立的监测系统多，平台不同，数据不统一。新风机只能监测电量，无法远程控制。为实现在线监测与调试功能，需要搭建新的监测平台。

基于 BIM 技术搭建新一代运行平台，实现对调适目标建筑环境、设备运行数据的实时接入与分析，建立通用的数据处理与集成框架，并结合舒适度、健康等指标，优化多联机与新风机组运行节能、降低运营成本，实现空调系统高效运行。

主要通过接入现有各平台的监测数据，接入多联机远程控制功能，改装新风机组，升级其控制芯片，增加新风机组远程控制功能，在原有电量监测的基础上，增加新风机组内部系统状态参数监测。

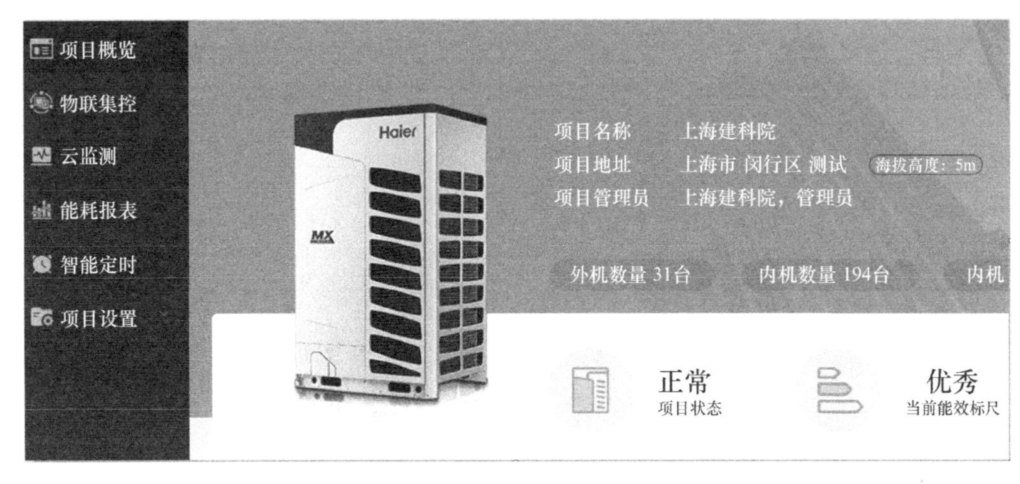

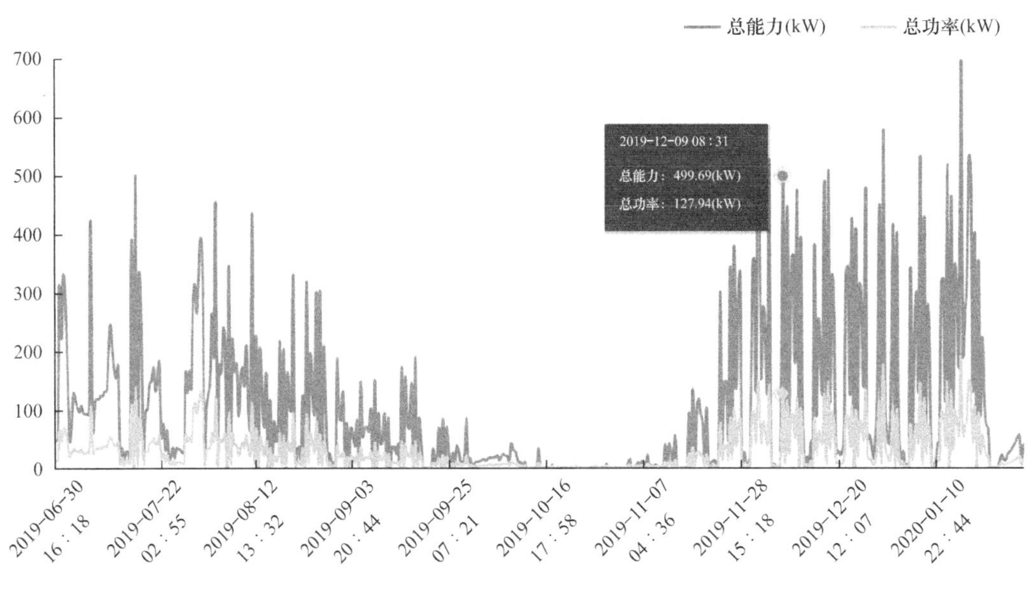

图 5-7　多联机逐时能耗监测数据

通过对实时测试数据的分析，挖掘空调系统节能潜力，验证多联机与新风机联合运行策略。结合室内外环境和人员满意度、室内 CO_2 浓度等自动调节空调、新风机组运行，实现设备的精细化运行。

5.1.3　多联机系统调适因素及技术

不同于传统的集中式空调系统，多联机没有复杂的风管、水管系统，没有冷却塔及相应的输配水泵，主要依靠压缩机的压差驱动，制冷剂在室内机与室外主机之间往复循环，能够按照用户需求，针对部分空间实现部分时间的空气调节，具有简洁、部分负荷换热效率相对较高等特点。由于多联机自身结构特点，其往往无法处理室外新风，因此需要在使用过程中需搭配独立新风系统，以满足室内人员的新风需求[9]。

针对上海夏热冬冷气候特征以及习惯开窗通风的现状，开展自然通风、机械通风方式的调适运行，可实现过渡季节降低空调能耗。在典型制冷、制热季节，在保证室内热舒适的基础上，通过调整设定温度、多联机开机率等方式，可实现空调系统的节能运行。

1. 设定温度

设定温度直接反映室内人员对当前工作（居住环境）的舒适期望，在可以自由调节的环境下，当室内温度偏离舒适区时，就会调节空调的设定温度以达到舒适要求[10]。例如当夏季炎热时，居住建筑室内温度较高，设定温度一般会设定至较低值（24℃甚至更低），而当室外较为凉爽时，设定温度则不作调节（即默认温度26℃）。对于办公建筑，由于其建筑能耗相对较高，过低的设定温度将直接增加能耗，加剧电网负荷。因此《国务院办公厅关于严格执行公共建筑空调温度控制标准的通知》要求夏季温度不低于26℃，冬季不得高于20℃[11]。秦蓉等人[12]针对办公建筑夏季空调设定温度做了相关研究，结果表明，夏季典型日设定温度提高2℃建筑负荷可降低30%，而降低2℃建筑负荷则增加约20%。因此，根据室外温度变化，能够实时调整设定温度，将会带来较好的节能效果。

由图5-8可知，设定温度随着室外温度变化时，PMV也随之变化，当室外温度超过30℃时，室内PMV计算值也达到了较高值（接近1.5），而当室外温度较为凉爽时，PMV值为0～0.5，室内人员也感觉较为舒适。由此可知，提高设定温度达到了节能降耗的目的，能够实现空调系统节能运行。

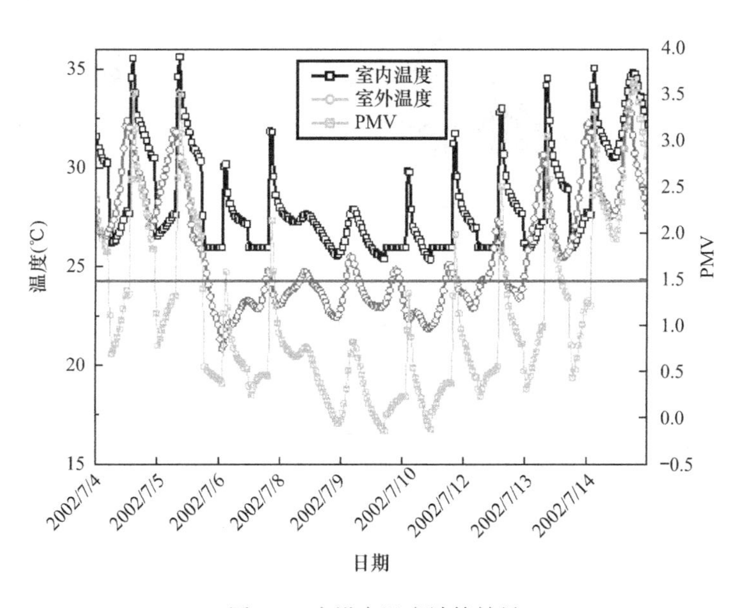

图5-8　变设定温度计算结果

2. 开机率

多联机开机率的定义如式（5-1）所列，开机率表征的是某一时刻，运行内机的容量百分比，该值大小直接影响多联机能耗。引起开机率变化的原因有两个：（1）无需空调的区域室内机关机；（2）受室环境温度影响，建筑负荷降低，空调区域的温度达到设定值后关闭电子阀。

$$OUR_i = \frac{\sum_{i=1}^{k} FI_i}{\sum_{j=1}^{n} FI_j} \tag{5-1}$$

式中 FI_i——当前时刻任一台正在运行的室内机名义制冷量，kW；

FI_j——多联机系统连接的任一台室内机名义制冷量，kW；

k 和 n——分别为当前时刻运行的室内机数量和总室内机数量，台。

对某示范工程三层办公区多联机的开机率与环境温度、功率的变化关系进行了分析研究，结果如图 5-9 所示。由图可看出，开机率越高，多联机的运行功率相应增高，并且其功率随室外温度的升高逐渐增大。因此，在制定多联机调适策略时，需要综合考虑开机率和室外温度的影响。

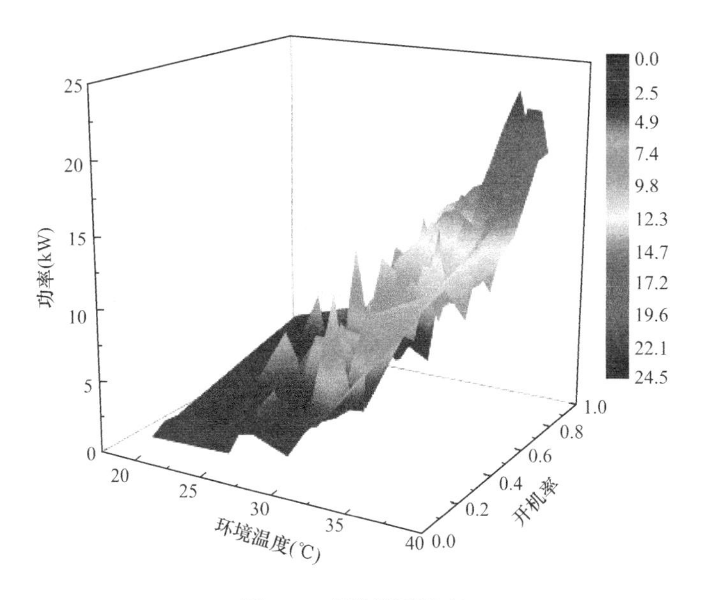

图 5-9　多联机开机率

3. 复合通风

我国学者对不同城市的通风舒适温度做了研究，杨柳博士[10]对我国 5 个城市（哈尔滨、北京、西安、上海和广州）的住宅建筑做了人体主观热反应的问卷调研和现场测试，得到了严寒、寒冷、夏热冬冷和夏热冬暖四个不同气候区人体中性温度与室外空气平均温度的统一关联式，如式（5-2）所示。因此，计算时采用该式判断通风的最大节能潜力。

$$T_a = 0.30T_o + 19.7 \tag{5-2}$$

式中 T_a——室内舒适温度，℃；

T_o——室外空气平均温度，℃，$T_o \in [18, 30]$。

无论是自然通风还是机械通风，实际上最终在软件中体现的都是新风量，因此计算时需要设置单位新风量，新风量取值方法汇总如表 5-1 所列，计算时采用每人新风量。

新风量取值方法　　表 5-1

控制参数	设置方法	计算公式
最小新风量	按人	每人新风量×人员密度×热区面积
	按人与面积	(每人新风量×人员密度+单位新风量)×热区面积
	按人或面积	Max（每人新风量×人员密度×热区面积，单位新风量×热区面积）
	按面积	直接设定数值
	按单位面积	单位新风量×热区面积

为量化分析复合通风对过渡季节非空调制冷时间的延长能力并记为 $P_{\text{hybrid ventilation}}$，其定义为：

$$P_{\text{hybrid ventilation}}=\frac{\text{复合通风时间延长的舒适时间}}{\text{需要空调的所有工作时间}}\times 100\% \tag{5-3}$$

根据以上计算可得过渡季节复合通风的节能潜力，如表 5-2 所列，由表可知，过渡季节采用复合通风方式节能潜力为 15.8%。

复合通风延长空调时间统计表　　表 5-2

项目	5 月	6 月	9 月	10 月
总需要空调小时数（h）	279	269	312	231
混合通风后舒适小时数（h）	72	20	30	50
$P_{\text{hybrid ventilation}}$（每月）	25.8%	7.4%	9.6%	21.7%
$P_{\text{hybrid ventilation}}$（总体）	15.8%			

4. 联合调适技术

联合调适的核心思想为：利用自然通风、机械通风等复合通风方式延长过渡季节非空调供暖时间，当时室内温湿度无法满足要求时，再行开启新风空调、多联机空调。

5.1.4　复合通风调适策略

该策略主要用于过渡季节空调系统运行。主要是根据室外环境温度、室内环境温度、室内外温差的变化关系，确定通风方式，当室外温度升高或者室内热舒适不满足要求时，开启空调系统运行。过渡季节运行策略如图 5-10 所示。

运行策略的关键是确定室外温度关键参数，当室内温度高于室外温度且室外温度经计算适宜时，可以直接引入室外新风消除室内热负荷，一般该值可取为 2～3℃。室外温度初始取值通过计算获得，之后可根据实际运行结果进行调整，亦可根据专家判断做相应调整。通过不断修正参数，使多联机与新风联合运行在特定目标建筑中处于最优状态，以实现最大限度节能，同时保持室内健康与舒适。室外温度关键参数的计算步骤如下：

（1）建立目标办公建筑模型，分别求解全年室内基础温度 t_{a1}，非供暖季节室内自然通风温度 t_{a2}。

（2）定义 $\Delta T=|t_{a2}-t_{a1}|$，统计各月 ΔT 频数分布以及相应累积概率分布。

（3）取累积概率为 90%求解对应。

（4）按统计图求解 ΔT 对应室外温度，获取一组室外温度样本数据。

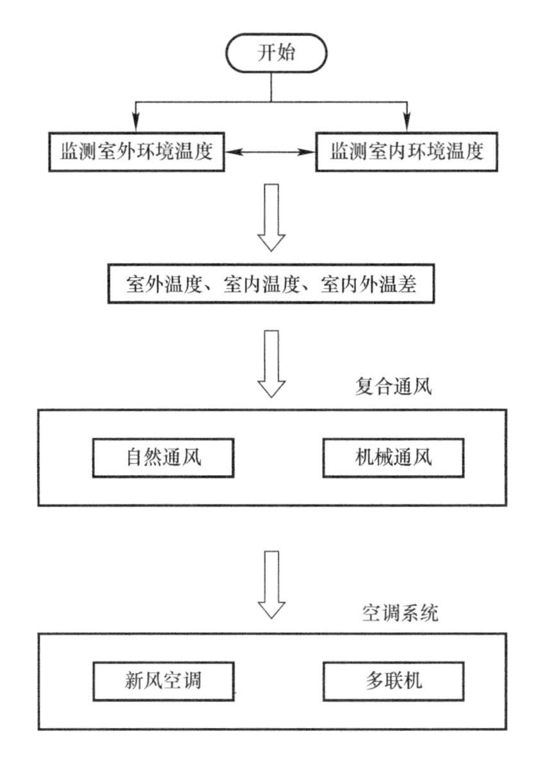

图 5-10　过渡季节运行策略

(5) 统计分析该样本数据，求解其平均值 ΔT 以及标准误差 SE。

(6) 室外温度取初始值定为 $t_a \pm 2SE$。

(7) 可根据实际运行结果结合舒适度调研数据加以修正。

根据以上步骤结合图 5-11，可求解得 5 月份自然通风室外温度 t_a 控制点为 (20.3±0.5)℃。

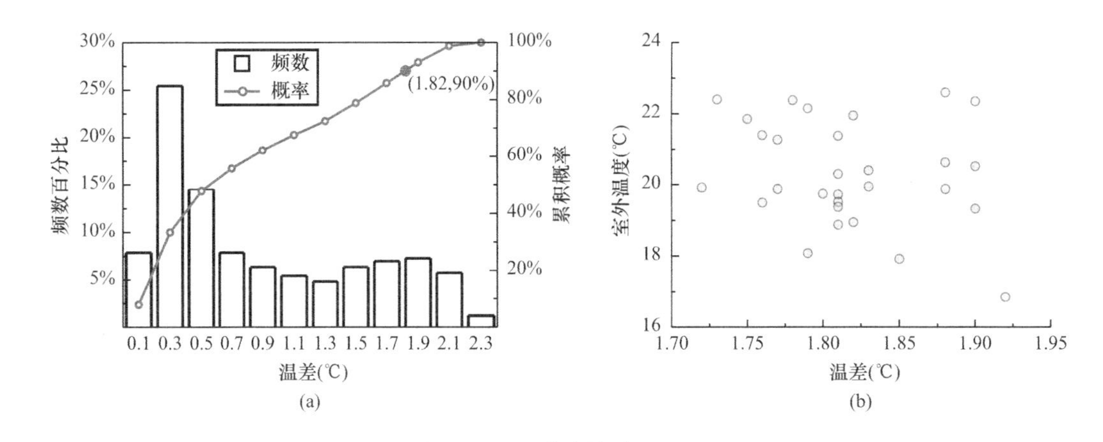

图 5-11　ΔT 分布统计（5 月）

(a) 温差频数统计及累积概率分布；(b) 室外温度分布

求解开启机械通风时的室外温度 t'_a，温差采用 $\Delta T' = |t_{a3} - t_{a2}|$，其中 t_{a3} 为全年非供暖季节室内通风温度，求解步骤同上，可求解得 5 月份自然通风室外温度 t_a 控制点为

(23.9±0.9)℃。

根据以上描述方法可以分别求解得到过渡季节各月的不同温度阈值，由此可得出联合运行控制策略，相关阈值初始控制值汇总如表5-3所示。

过渡季节混合通风策略室外温度控制表 表5-3

室外温度点（℃）＼月份	5月	6月	9月	10月
t_a	20.3±0.5	23.0±0.6	21.8±0.5	19.1±0.7
t_a'	23.9±0.9	25.7±0.7	26.7±0.8	21.0±1.1

5.1.5 空调运行调适策略

该策略主要用于制冷、制热季节空调系统运行调适。多联机控制精度高、能够根据环境变化自动调节自身容量，任何导致多联机运行工况、冷负荷、环境条件发生变化的影响或因素，都会导致多联机的运行部分负荷性能发生变化，其中冷负荷随室外环境温度改变的动态变化过程是多联机处于部分负荷工况的关键原因之一。在实际运行中，受设定温度、行为调节的影响，多联机的开机率经常处于变化状态，而开机率又对多联机能耗产生较为明显的影响。总体而言，开机率越高，多联机的运行功率越高，即多联机功率随着室外温度的升高逐渐增大。因此，在调适多联机时需要综合考虑环境温度、开机率、室内设定温度的影响。

5.2 地源热泵系统运行与调适

为了实现超低能耗/近零能耗建筑能耗目标，可再生能源以不同方式或能源形式应用到建筑，太阳能、浅层地热能等多种可再生能源系统协同的复合暖通空调系统案例增多。从设计角度讲，复合系统的节能高效毋庸置疑，但与此同时，能源系统运维管理变得复杂，为暖通空调系统节能高效运行提出挑战。

本节以CABR近零能耗建筑多种可再生能源复合的暖通空调系统为主要研究对象，分析了系统在供冷季的运行和能效。本节首先介绍多种可再生能源复合的暖通空调系统的原理，详细阐述了冷热源和末端系统的配置及运行组合，聚焦供冷季工况，以2018年供冷季实际运行数据为基础，分析不同冷热源组合下的运行情况和能耗水平。拟通过对该近零能耗建筑暖通空调系统的运行分析，为近零能耗办公建筑暖通空调系统设计与运行提供参考。

CABR近零能耗建筑位于北京市，为一栋4层建筑面积为4025m^{2}的办公建筑，于2014年8月开始逐步投入使用。建筑内的人数从2015年的约150人逐年增长至2018年的180人左右。

建筑一层为会议室、大厅、设备间、数据机房和少量办公室，二～四层南侧主要为办公室，北侧包含少量办公室，其余为会议室、茶水间和设备间。全楼80%的办公室朝南，每层约1000m^2。

5.2.1 建筑围护结构体系和能耗目标

该建筑集科研、实验和办公使用于一体。采用高性能建筑保温隔热体系、高性能外窗、无热桥和高气密性设计。采用导热系数为 0.004W/(m^2·K）的超薄真空绝热板外墙外保温系统，屋顶采用导热系数为 0.030W/(m^2·K）的 EPS 板为保温材料，外窗采用铝包木三玻两腔抽真空气密窗，整窗传热系数 $K \leqslant 1.2$W/(m^2·K)，南侧气密窗设置电动中置遮阳帘，遮阳系数不低于 0.2。外门采用门斗设计，降低冬季冷风渗透。建筑外围护结构热工性能如表 5-4 所示。

建筑外围护结构热工性能表　　表 5-4

分项	K [W/(m^2·K)]	分项	K [W/(m^2·K)]
屋面	0.17	外窗	1.20
外墙	0.24	外门	2.20
地面	0.30		

建筑设计热工目标为：夏季单位面积空调负荷≤40W/m^2，冬季单位面积供暖负荷≤15W/m^2。设计阶段能耗目标为：全年供冷、供暖和照明总能耗小于 25kWh/(m^2·a)。

5.2.2 建筑暖通空调系统

基于科研和实验定位，该建筑拟通过一系列的科研和实验，为我国超低能耗/近零能耗建筑建设提供有价值的基础数据和设计参考，推动我国超低/近零能耗建筑的发展。综合考虑实验、示范功能和能耗目标，暖通空调系统采用以多种可再生能源与常规能源系统搭配的复合系统。建筑在夏季采用太阳能空调系统（由太阳能集热系统＋吸收式冷机系统组成，英文 Solar Assisted Air Conditioning system 缩写 SAAC）＋地源热泵系统（英文 Ground Source Heat Pump system，缩写 GSHP）＋水冷多联机系统＋溶液除湿机组的方式联合供冷，冬季为太阳能集热系统产生的热水直接供暖＋太阳能辅助地源热泵供暖＋水冷多联机＋溶液除湿系统结合的方式为建筑的不同层、不同区域供暖。该建筑能源系统示意简图如图 5-12 所示。

暖通空调系统冷热源设备构成为：屋面布置中高温太阳能集热器，提供建筑供冷供暖所需热源。1 台制冷量为 35.2kW 的单效吸收式制冷机组，1 台制冷量为 50kW 的低温冷水地源热泵（GSHP1），一台 100kW 的高温冷水地源热泵机组（GSHP2）。2 套水冷多联机系统，一台溶液式除湿机组。另外，能源系统分别设置了蓄冷、蓄热水箱，可以有效降低由于太阳能不稳定带来的不利影响。

建筑末端系统多样且各层不同。一层全部为多联机末端，四层为多联机与水环热泵末端。二层除采用直流无刷风机盘管之外，配置地板辐射供冷供暖末端，两系统可同时使用亦可互为备用。三层采用温湿度独立控制的顶棚辐射＋新风热回收系统，另设置风机盘管作为备用。该建筑各楼层空调系统末端如图 5-13 所示，机房实景如图5-14所示。

每层设置新风系统，其中首层和四层设置全热回收新风系统，二层采用溶液式除湿新风机组承担整层新风负荷和部分房间负荷。

近零能耗建筑建立了完善的能耗管理系统和建筑楼宇控制系统，对建筑设备运行参数、各设备能耗数据进行计量与记录。

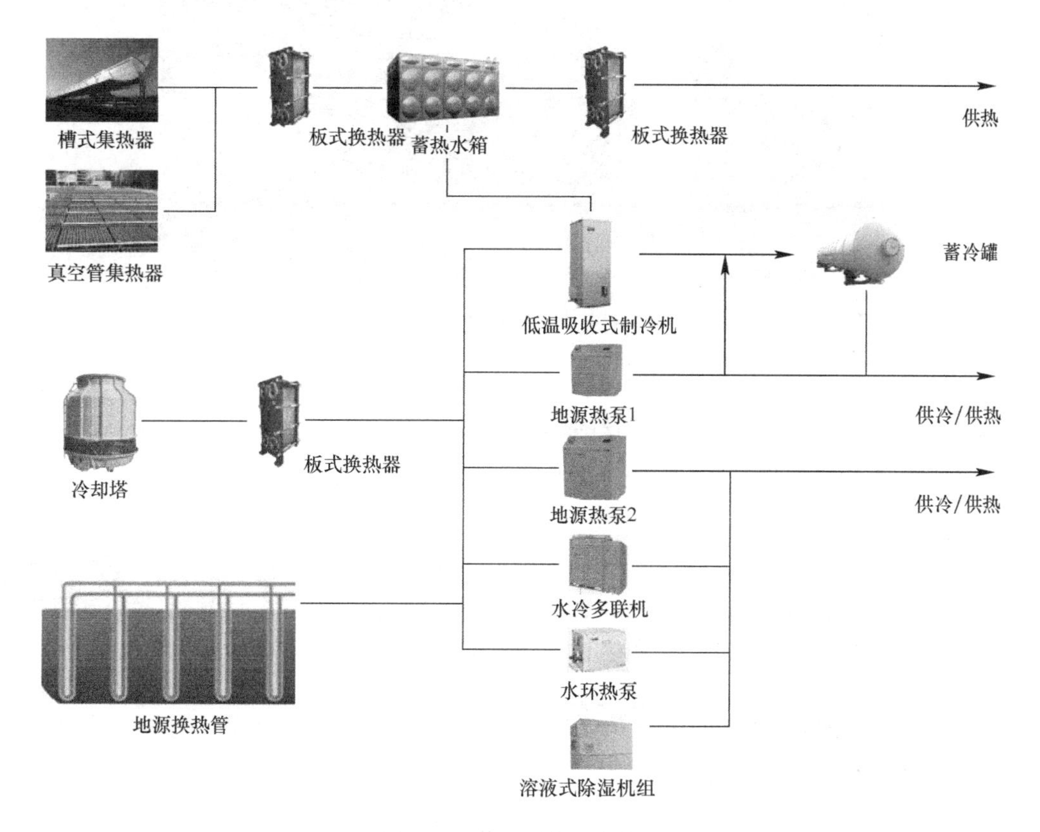

图 5-12　能源系统示意简图

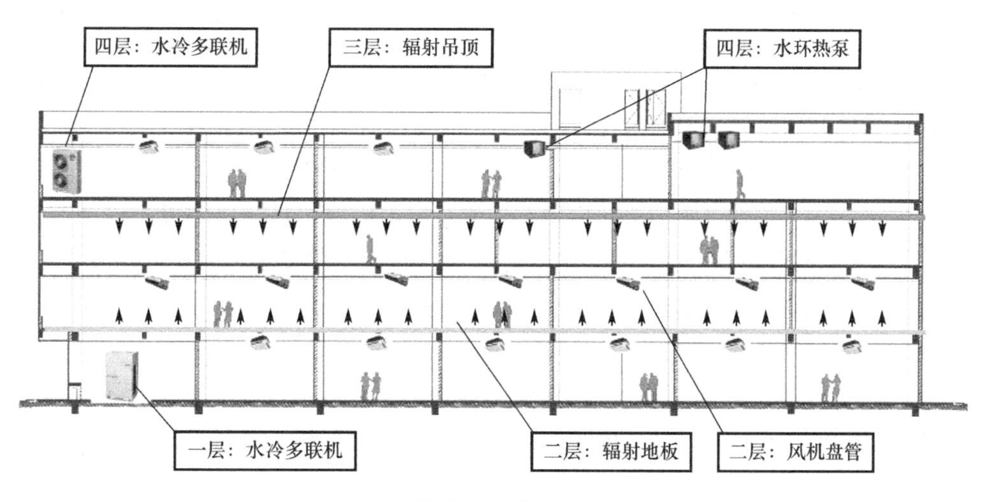

图 5-13　各楼层末端空调系统示意

图 5-14　机房实景照片

夏季供冷工况下，三层温湿度独立控制的顶棚辐射+新风系统按控制逻辑运行，即控制系统实时计算室内露点温度，控制结露风险。当顶棚辐射系统供水温度低于露点温度时，关闭分区辐射板冷水循环泵，只开启新风系统除湿；当辐射系统供水温度高于露点温度后，辐射系统恢复正常供冷。

吸收式制冷机组为日本矢崎公司赞助的低温热源吸收式制冷机组，70℃热水即可驱动该设备运行，88℃热水驱动该设备时，机组制冷效率可达 0.7 左右，与其他吸收式制冷机组相比，该设备具有驱动热源温度低、制冷效率高等特点。

5.2.3　建筑暖通空调系统运行模式

1. 暖通空调系统匹配方式

基于科研、实验和办公等功能定位，该暖通空调系统设计较为复杂。夏季工况暖通空调系统配置和运行逻辑为：一层，水冷多联机组为一层功能区供冷，2 台新风热回收设备提供新风，新风设备冷源由 SAAC 或 GSHP1 提供。二层，风盘和地板辐射两种末端方式。当为风机盘管系统时，太阳能空调系统或 GSHP1 提供部分房间冷负荷，溶液除湿机组承担新风负荷和楼层部分房间负荷，当采用地板辐射系统时，GSHP2 提供高温冷水，同时溶液除湿设备为该楼层提供新风。GSHP2 同时为三层温湿度独立控制系统提供高温冷水。四层大会议室和一间典型房间采用水环热泵机组供冷，其余房间采用水冷多联机组供冷，2 台新风热回收设备分别为四层办公区域和会议室提供新风。

该项目能源系统和末端方式多样，通过管路间阀门切换，实现不同冷热源和末端系统匹配，组成不同供冷组合模式。

该项目能源系统和各楼层供冷方式如图 5-15 和表 5-5 所示。供冷工况下，冷热源和末端组合可变和不变模式共存，其中虚线框内为可切换冷热源和末端配置组合的区域。

本书聚焦夏季工况下冷源和末端可灵活匹配系统的运行分析，即对 SAAC、GSHP1、GSHP2 系统及对应的首层、四层新风系统，三层顶棚辐射+新风系统，二层风机盘管和地板辐射系统的运行进行论述，首层和四层水冷多联系统为固定系统，这里不讨论。

从管路连接上看，SAAC系统可供应首层、四层新风，二层风机盘管，三层顶棚辐射和新风系统；GSHP1可供应首层、四层新风和二层风机盘管；GSHP 2可供应三层顶棚辐射和新风及二层房间地板辐射系统，如表5-5所示。

三层温湿度独立控制系统较为复杂且为自控控制模块，这里简要介绍。系统中自带混水系统，分为三个自带电动调节阀的支路，一路供应辐射吊顶系统，一路供应风盘系统，一路连接至除湿设备（自带压缩机组）。高温冷水从机组出来后，直接进入混水中心，通过调节流量来满足各系统要求。

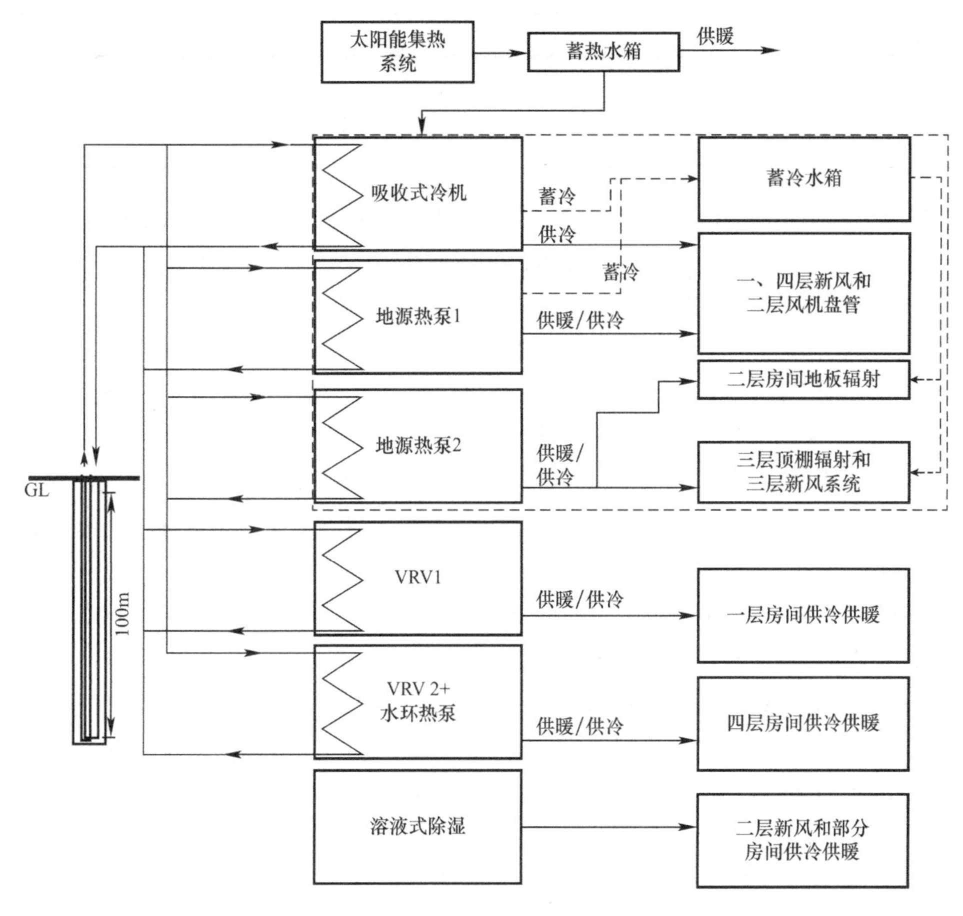

图5-15 示范楼能源系统和末端关系图

能源系统和末端匹配方式 **表5-5**

能源系统	首层、四层新风	三层顶棚辐射和新风	二层风机盘管	二层地板辐射
SAAC	√*	√	√	√
GSHP1	√		√	
GSHP2		√		√

* 表示使用此系统。

2. 暖通空调系统实际运行方式

室内办公人员执行工作日8:30～17:30的作息时间，暖通空调系统夏季运行时间为

7：50～17：00，周末如有重大工作事项，系统正常开启。

暖通空调系统于2014年夏季投入使用，随着办公人员的陆续入驻，空调系统也进入调试运行阶段，并于2015年夏季正式供冷。

2015年暖通空调系统主要运行方式为：SAAC和GSHP1服务首层、四层新风系统（SAAC优先运行，此时GSHP1备用，当SAAC无法正常运行时，GSHP1启用）。GSHP2服务二层地板辐射系统和三层顶棚辐射＋新风系统。运行匹配关系如表5-6所示。

2015年采用的能源系统和末端匹配方式 **表5-6**

能源系统	首层、四层新风	三层顶棚辐射和新风	二层风机盘管	二层地板辐射
SAAC	√			
GSHP1	√			
GSHP2		√		√

2015年供冷季结束后，二层用户普遍反馈地板辐射供冷舒适度较低（脚底凉），从2016年供冷季开始，二层仅采用直流无刷风机盘管供冷，在此运行模式下，GSHP2仅为三层供冷。2016年开始采用的能源系统和末端匹配方式如表5-7所示。

SAAC系统采用太阳能集热系统生产的热水驱动，系统能耗主要为输配能耗，因此系统整体能耗较GSHP1和GSHP2小。能源系统以优先SAAC为原则运行。因此各种可能性，理论上讲，系统可以有以下运行方式。

1）SAAC系统服务三层顶棚辐射＋新风系统，GSHP1系统服务首层、四层新风及二层风机盘管；若在此期间，室内温湿度满足设计要求，且SAAC系统能够正常运行，则持续采用该模式运行。

2）SAAC服务三层顶棚辐射＋新风系统且设备正常运行，GSHP1系统服务首层、四层新风及二层风机盘管，在一定时间段内，当室内温湿度无法达到要求时，GSHP2系统启动并服务三层，SAAC切换至服务首层、四层新风及二层风机盘管，GSHP1系统关闭；

3）持续运行方式2，当三层室内温湿度满足设计要求，且持续一段时间后，SAAC系统切换至服务三层，GSHP2系统关闭，GSHP1系统启动并服务首层、四层新风及二层风机盘管。

4）SAAC系统无法正常运行，GSHP2系统服务三层系统，GSHP1系统服务首层、四层新风及二层风机盘管。

2016年采用的能源系统和末端匹配方式 **表5-7**

能源系统	首层、四层新风	三层顶棚辐射和新风	二层风机盘管
SAAC	√*	√	√
GSHP1	√		√
GSHP2		√	

* 表示使用此系统。

本系统采用的吸收式冷机，在其他参数不变的条件下，冷却水出水温度越低，热媒水进水温度越高，机组制冷能力越强。热媒水温度由太阳能集热系统提供，而太阳能集热系统出水温度受到太阳辐射强度影响。室内新风和房间冷负荷也和室外环境密切相关，因此在实际运行中，室外空气温湿度和太阳辐照度影响着系统的运行模式。

5.2.4　暖通空调系统运行数据分析

总结分析 2015—2018 年夏季工况运行数据发现，当室外为高温高湿环境时，且受太阳能热水温度影响，SAAC 系统运行效果不佳，温湿度独立控制系统较长时间处于除湿模式，顶棚辐射系统无法正常工作，室内环境无法快速满足设定目标。因此在此种天气环境下，优先采用 GSHP2 系统服务三层，当室内温湿度达到舒适度设定目标一段时间后，且 SAAC 系统能够正常运行时，SAAC 系统运行，GSHP2 系统关闭。GSHP1 机组服务首层、四层新风和二层部分房间。

下文以 2018 年供冷季（6 月 1 日～9 月 10 日）为例，分析近零能耗示范楼暖通空调系统的实际运行情况。

2018 年供冷季室外空气焓值如图 5-16 所示，月室外平均温度、相对湿度和含湿量如表 5-8 所示。

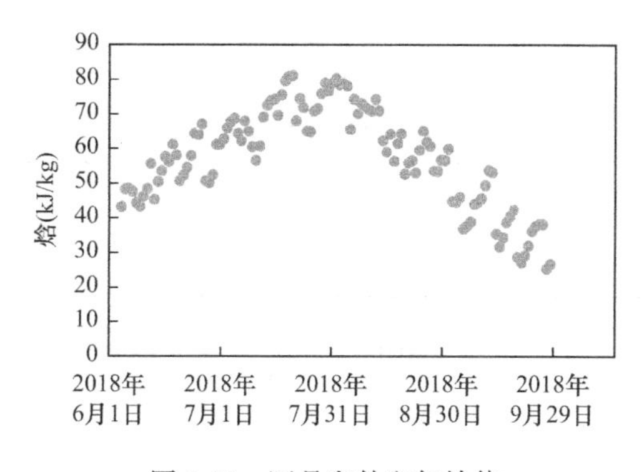

图 5-16　逐月室外空气焓值

室外月平均温湿度及绝对含湿量　　**表 5-8**

时间	平均相对湿度 (%)	平均空气温度 (℃)	平均空气焓值 (kJ/kg)
2018 年 6 月	36.0	29.6	53.03
2018 年 7 月	62.4	29.3	69.61
2018 年 8 月	54.5	29.6	65.60
2018 年 9 月	36.2	23.3	39.91

图 5-16 和表 5-8 可以看到，2018 年 6 月和 9 月室外空气焓值分别为 53.03kJ/kg 和 39.91kJ/kg，7 月和 8 月，室外空气焓值分别为 65.60kJ/kg 和 69.61kJ/kg，室外太阳辐照度约为：建筑室内参数不变条件下，室外空气焓值越大，建筑新风和房间冷负荷越大。基于室外天气情况和系统运行逻辑，2018 年供冷季，暖通空调系统实际运行组合和各组合模式运行天数如图 5-17 所示。

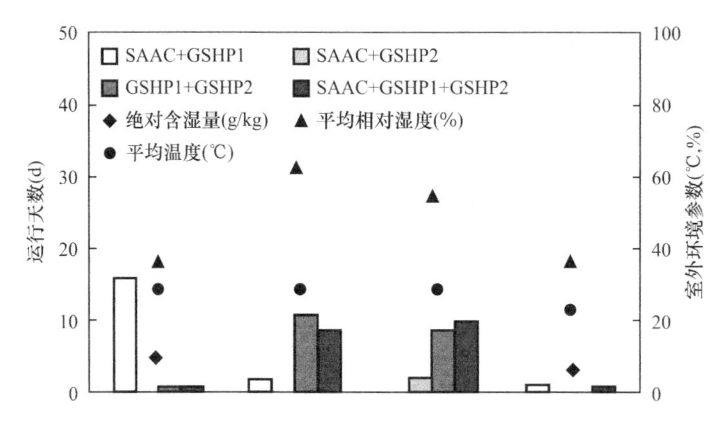

图 5-17　三种模式运行天数及室外温湿度情况

从图 5-17 可以看到，2018 年供冷季，6 月以组合 SAAC+GSHP1 为主运行，7 月和 8 月以组合 GSHP1+GSHP2 和组合 SAAC+GSHP1+GSHP2 为主运行，这 3 种模式供冷季期间运行天数分别为 21d，22d 和 21d。对这三种运行模式下，设备和系统在运行天数中的实际运行情况，包括每种运行模式下对设备日平均耗电量、系统日平均耗电量、设备平均 *COP*、日室外环境参数进行统计分析，结果如表 5-9 和图 5-17 所示。

各运行模式下设备和系统日运行关键参数　　**表 5-9**

组合	设备日均耗电量（kWh）	系统日均耗电量（kWh）	设备平均 *COP*	室外平均温度（℃）	室外平均相对湿度（%）	室外平均辐照度（W/m²）
SAAC+GSHP1	44.4	109.4	SAAC：0.66；GSHP1：4.55	31.5	26.9	508.8
GSHP1+GSHP2	108.9	152.5	GSHP1：4.8；GSHP2：6.41	25.6	77	211.2
SAAC+GSHP1+GSHP2	99.2	181.4	SAAC：0.65；GSHP1：4.9；GSHP2：5.9	27.12	69.5	457

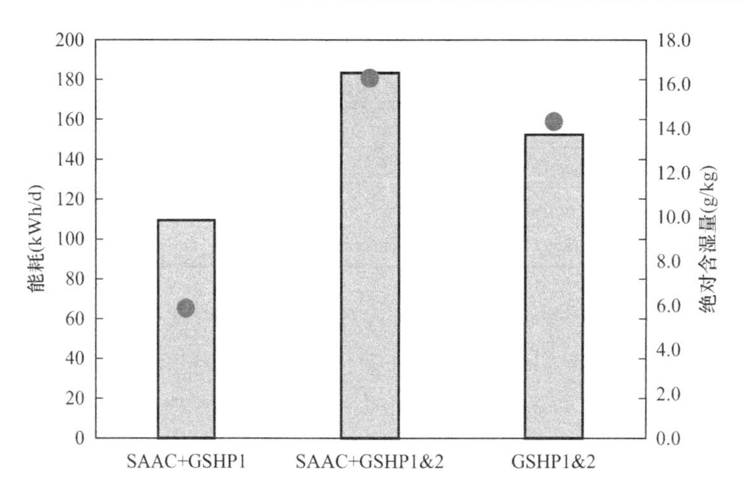

图 5-18　三种运行模式下日平均运行能耗比对

从图 5-18 看到，2018 年供冷季暖通空调系统主要以三种供冷方式为主，且三种供冷方式供冷天数基本相同。SAAC 和 GSHP1 主要工作在 6 月，室外平均温度约为 29.5℃，平均相对湿度约为 31%，空气绝对含湿量约为 7.3g/kg。下雨天或阴天主要以 GSHP1+GSHP2 联合运行为主。高温高湿天气情况下，以 SAAC+GSHP1+GSHP2 联合运行供冷方式为主。

5.2.5　建筑逐年能耗

该近零能耗建筑供冷季逐年能耗如图 5-19 所示，柱形图为暖通空调系统单位面积能耗，图点为该年度系统实际供冷天数。2015—2018 年供冷季暖通空调实际每天运行能耗分别约为：324kWh/d，384kWh/d，374kWh/d 和 373kWh/d。

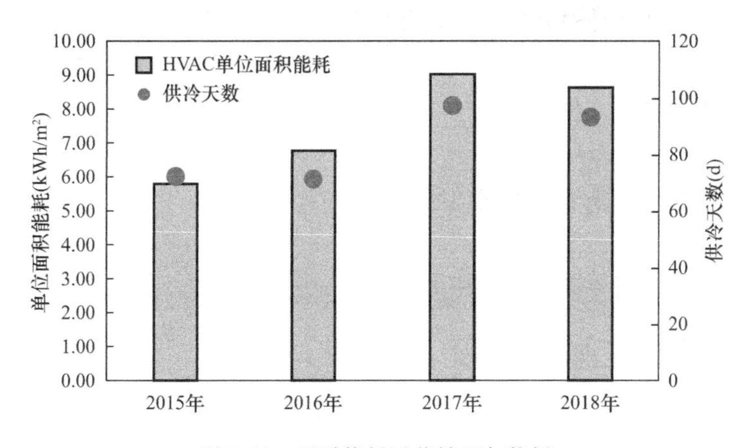

图 5-19　近零能耗示范楼逐年能耗

5.3　温湿度独立控制系统调适技术

5.3.1　设计阶段

1. 项目目标

项目相关文件应针对调试系统说明以下内容：

（1）除当地规范和标准外，包括环境方面、可持续性方面、效率方面的目标与基准。

（2）设备目标、规模、位置、业主要求等，并明确定义调试过程的适用范围和要求。

（3）室内环境要求，包括空间使用、在室率、运行时间表、室内温湿度、通风量、室内 VOC 和 CO_2 浓度等。

（4）可维护性、访问性及运行性能要求，以及设备、系统和组件的要求、期望和保修条款，安装评估和测试要求等。

（5）项目文件、调试进度报告、系统手册的要求与格式，包括设计和施工过程中设计依据的目录、架构和重要节点，重要阶段的设计依据提交要求等。

（6）对操作和维护人员、应急响应人员及在室人员的培训要求，包括所需的培训水平、培训人员资格及文件要求。

2. 工作描述

（1）明确设计单位和调试单位、业主等在该阶段的工作内容和范围。

（2）按照规划要求、相关规范标准和造价等，确定项目的总体目标和控制系统。

（3）与设计单位配合，选取合适的空调设备，提前明确和设置常规数据监测以外的为调适新增的传感器和装置等，特别要细分空调系统用能分项计量。

（4）制定项目设计文件评估程序。

（5）完成设计评审。

3. 验收/交接要求

（1）各方对项目的设计目标达成一致意见。

（2）各方对调试及调适过程中的职责和任务没有歧义。

（3）为调适新增的传感器和装置、控制系统等能满足调适的目标要求。

（4）审查相关图纸及文件。

4. 文件要求

相关图纸及文件能清晰表达上述内容。

5. 人员要求

施工图交底时，进行专项的调适相关内容的交底和培训。

5.3.2 施工及竣工验收阶段

1. 项目目标

细化项目的设计和调适目标：不同区域室内环境控制目标达到要求，空调设备运行正常且空载情况下高效运行。

2. 调适方案

（1）明确参与各方的职责和任务。

（2）制定施工/竣工阶段的调适方案，包括调适内容、工作范围、调适人员、时间计划及相关配合事宜，系统可按以下分类进行：

1）“建筑围护结构调适”部分，用于建筑外壳、屋顶系统和组件的调试过程活动。

① 非透光围护结构的热工性能应采用热流计法、红外热成像仪、热电偶等对外围护结构的保温性能、隔热性能、热桥部位内表面温度等进行测试。

② 透光外围护结构热工性能检测应包括保温性能、隔热性能和遮阳性能等检测，当透明幕墙和采光顶的构造外表面无金属构件暴露时，其传热系数可采用现场热流计法进行检测。

③ 建筑整体气密性测试应采用鼓风门法进行测试，并同时采用红外热成像仪确定建筑物的渗漏源。

2）“管道调适”部分，用于管道系统、组件、设备和部件的调适过程。

3）“暖通空调和制冷的调适”部分，用于供热、通风、空调和制冷系统、组件、设备和部件的调适过程。

① 水系统在无负载情况下能正常运行，供回水温差正常；

② 空调风管的保温性能满足要求；

③ 室内基本空气质量满足要求。

4）“电气调适”部分，用于电气系统、组件、设备和部件的调适过程。

① 应检测和调试三相电压不平衡、谐波电压及谐波电流、功率因数、电压偏差等；

② 对房间照度值和功率密度值进行检测和调试。

5）“通信调适”部分，针对通信系统、组件、设备和部件的调适过程。

① 送回风温度、湿度监控功能；

② 空调主机控制功能检测；

③ 空调末端控制功能检测；

6）“综合自动化调适”部分，用于调试综合自动化系统、组件、设备和部件的调适过程。

① 现场部分参数的获取及调试；

② 核查调适过程参数和调整情况的记录。

③ 系统调适标准流程如图5-20所示。

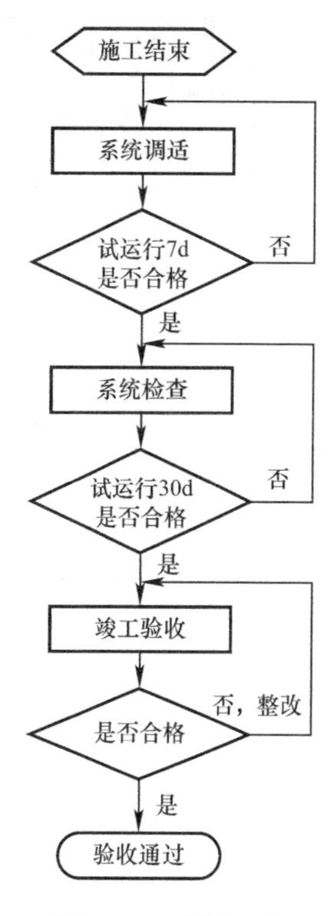

图5-20 系统调适标准流程

（3）进行调适活动。调适活动可与项目施工的竣工验收要求的相关工作同步进行。

3. 验收要求

复核相关文件并与项目工程竣工验收一起复核各项参数指标是否达到设计初始要求。建议采用随机选择5%～10%提交材料的抽样策略，重点关注提交的材料。如果偏差很大，那么再检查5%～10%。如果仍然存在较大偏差，则拒绝提交文件，并将其连同意见一起退回。

4. 文件要求

相关文件能清晰记录调适的内容，并提供详细的操作手册。

5. 人员要求

向参与运行阶段调适及物业管理人员详细介绍调适的结果和运行注意事项。

5.3.3 运行阶段

1. 项目目标

室内满足舒适度要求情况下，设备在不同（季节）工况下均处于较高效率运行。

2. 工作描述

（1）明确参与各方的职责和任务。

（2）制定调适方案，包括调适内容、工作范围、调适人员、时间计划及相关配合事宜。

（3）资料收集，应收集系统调适所需要的相关技术资料，并应制定现场检查测试方案。

（4）参数的获取：

1）“双冷源新风系统＋干式风机盘管”温湿度独立控制系统，其系统示意图及新风处理过程如图 5-21 所示。

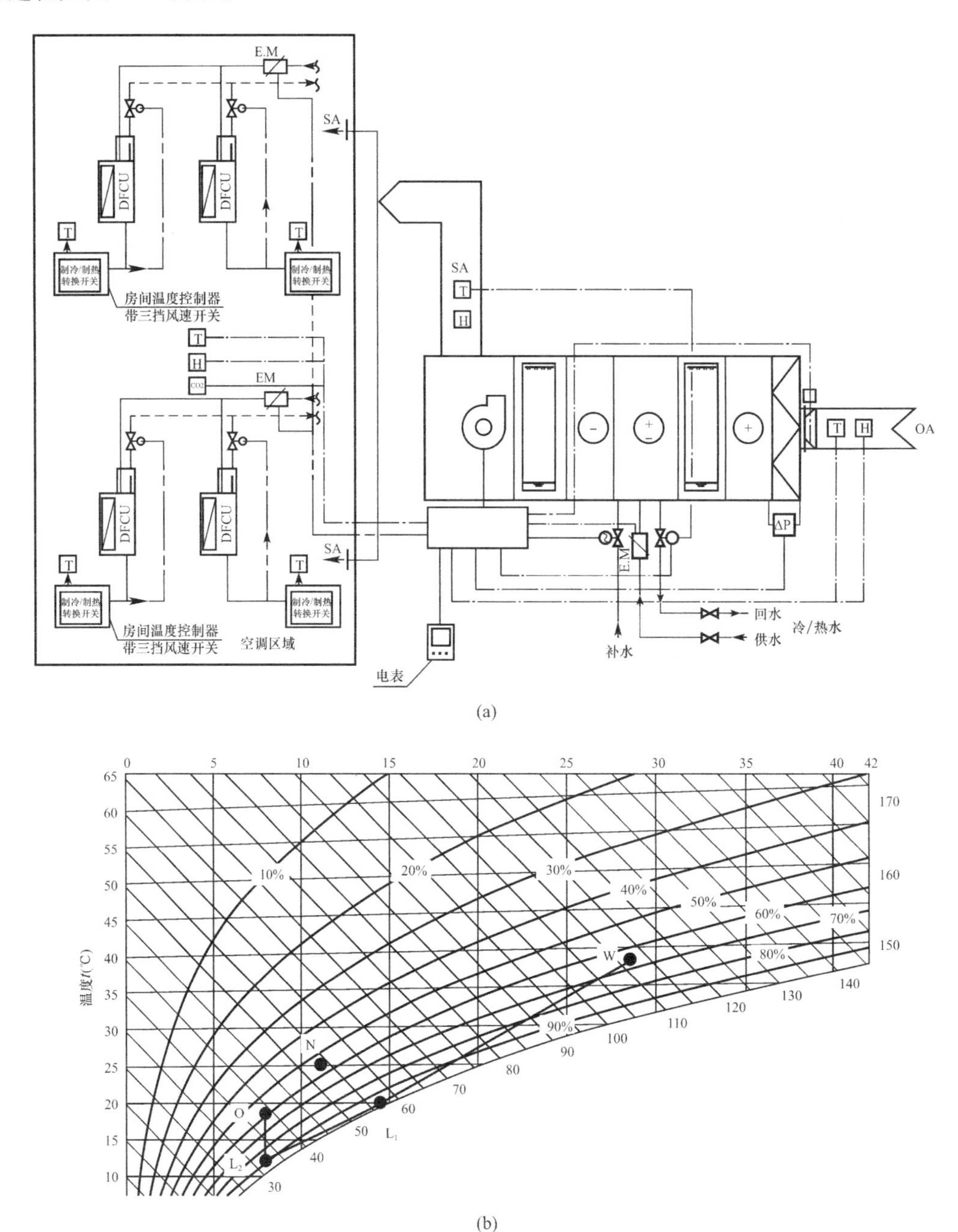

图 5-21　双冷源新风系统＋干式风机盘管

（a）系统示意图；（b）新风处理过程

① 空气状态：室外状态点 W 参数（干球温度、含湿量、CO_2 浓度）、高温冷源预处理状态点 L_1 参数（干球温度、含湿量）、低温冷源深度除湿后送风状态点 O 参数（干球温度、含

湿量、风量)、室内空气状态参数（干球温度、相对湿度、含湿量、CO_2 浓度、露点温度）。

② 高温水环路：新风机组水管（供回水温度、流量、冷/热量）、风机盘管环路水管（供回水温度、流量、冷/热量）。

③ 设备：新风送风机（电耗、风量、全压、频率）、深度除湿机（冷量、电耗、能效比）、风机盘管（独立计量）。

④ 其他：新风阀（开关状态）、空气过滤器（进出口压差）、开窗监控；高温冷水水阀开度。

2）“双冷源全空气系统＋工位送风”空调系统，其系统示意图及空气处理过程如图 5-22 所示。

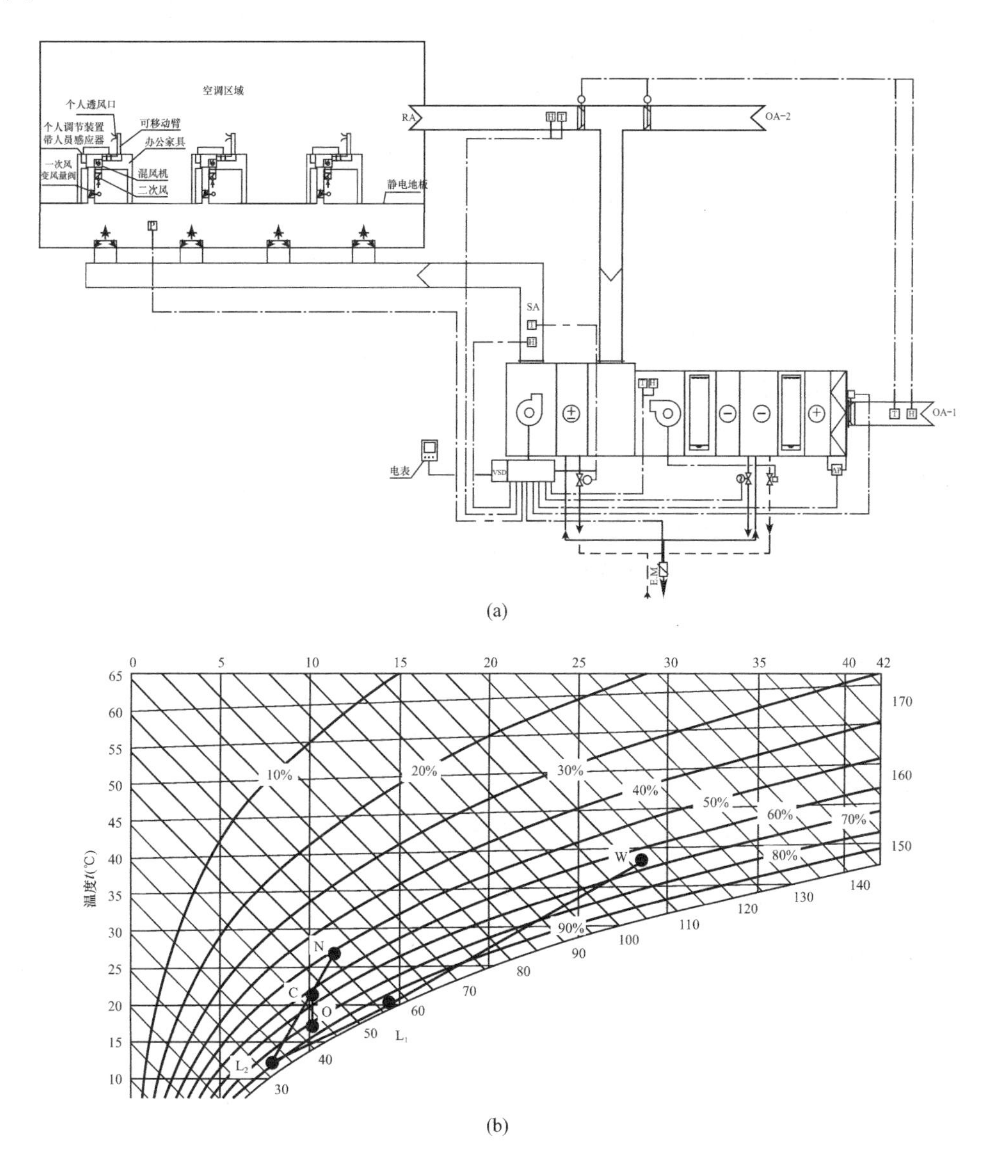

图 5-22　双冷源全空气系统＋工位送风

（a）系统示意图；（b）空气处理流程图

① 空气状态：室外状态点 W 参数（干球温度、含湿量、CO_2 浓度、新风量）、预处理状态点 L_1 参数（干球温度、含湿量）、深度除湿状态点 L_2 参数（干球温度、含湿量）、混合状态点 C 参数（干球温度、含湿量）、送风状态点 O 参数（干球温度、含湿量、送风量）、室内空气状态点参数（干球温度、相对湿度、含湿量、CO_2 浓度、露点温度）。

② 水系统：一级盘管水管（供回水温度、水流量、冷/热量）、二级盘管水管（供回水温度、水流量、冷/热量）。

③ 设备：新风送风机（电耗、风量、全压、频率）、深度除湿机（冷量、电耗、能效比）、送风机（电耗、风量、全压、频率）。

④ 其他：新风阀（OA-1、OA-2 开关状态）、空气过滤器（进出口压差）、一级和二级水阀的开度、静压箱压力监控。

（5）设备性能的分析：

1）集中水系统：

根据系统设置情况，对下列内容进行选择性测试及调适：

① 冷水机组、热泵机组的实际性能系数；

② 水系统回水温度一致性、水系统供水温度、水系统供回水温差、水系统的水力平衡度、水系统输送能效比、水泵效率；

③ 冷却塔耗水量、冷却塔性能；

④ 冷源系统能效系数；

⑤ 风系统平衡度、风机单位风量耗功率；

⑥ 能量回收装置效率；

⑦ 空气过滤器的积尘情况。

2）“双冷源新风系统＋干式风机盘管”温湿度独立控制系统：

① 新风量调适；

② 室内湿度调适；

③ 室内温度调适；

④ 系统末端水流量调适；

⑤ 阀门联动调适。

3）“双冷源全空气系统＋工位送风”空调系统：

① 新风量调适；

② 室内温度调适；

③ 室内湿度调适；

④ 送风量调适；

⑤ 一级盘管水流量调适；

⑥ 二级盘管水流量调适；

⑦ 阀门联动调适。

4）调适过程参数和调整情况的记录。

5）综合效果评价，完成项目的最终调适报告。

3. 验收要求

不同工况下，优化各项参数指标；完成季节性测试。

4. 文件要求

相关文件能清晰记录调试的内容，并提供详细的操作手册。

5. 人员要求

（1）向物业管理人员详细介绍调适的结果和运行注意事项，持续的人员培训。

（2）验证设施系统和组件的季节性测试，验证系统和装配操作符合更新后的目标。

（3）验证《操作手册》的持续更新，进行并验证设施系统和组件的定期性能评估。

第 6 章　实际案例分析

6.1　CABR 近零能耗示范楼

6.1.1　项目概况

中国建筑科学研究院“CABR 近零能耗示范楼”基于中美清洁能源联合研究中心建筑节能合作项目（CERC-BEE）科研成果，自 2013 年 1 月起，由中美双方 30 余位专家联合研究、设计、建造，旨在将我国建筑节能领域的技术研究和国际联合研究成果进行集中展示，引领建筑节能工作迈向更高标准，项目于 2014 年 7 月落成并交付使用（图 6-1）。

图 6-1　示范楼立面

该示范楼为 4 层办公建筑，建筑面积 4025m^2。示范楼面向中国建筑节能技术发展的核心问题，秉承“被动优先，主动优化，经济实用”的原则，集成展示 28 项世界前沿的建筑节能和环境控制技术，可以达到“冬季不使用传统能源供热、夏季供冷能耗降低 50%，建筑照明能耗降低 75%”的能耗控制指标，控制指标达到“国内领先、国际一流”水平。

6.1.2　系统构成

CABR 近零能耗示范楼的能源系统由多套系统组成，又分为基本系统和科研系统。基本系统用于保证项目的基本制冷及供热需求，选择系统则是科研性的，用于展示和实验。夏季制冷和冬季供暖采取太阳能空调和地源热泵系统联合运行的形式。屋面布置了 144 组真空玻璃管中温集热器，结合 2 组可实现自动追日的高温槽式集热器，共同提供项目所需要的热源。示范楼设置 1 台制冷量为 35kW 的单效吸收式机组，1 台制冷量为 50kW 的低温冷水地源热泵用于处理新风负荷，另一台 100kW 的高温冷水地源热泵机组为辐射末端提供所需冷热水。项目分别设置了蓄冷、蓄热水箱，可以有效降低由于太阳能不稳定带来的不利影响，并实现夜间利用峰谷电价蓄冷后昼间直接供冷。

除了水冷多联空调及直流无刷风机盘管等常规空调末端之外，CABR 近零能耗示范楼在二层和三层采用温湿度独立控制空调系统，房间内分别采用顶棚辐射和地板辐射。全楼均设置新风机组，并配备全热回收设备，新风经集中处理后送入室内，负责处理室内潜热负荷和部分显热负荷。室内辐射末端负责处理主要显热负荷，冷热水温度可以得到一定程度的优化，这样在保证良好空气品质的同时，实现了建筑室内环境的高舒适度和系统整体节能。

该示范楼采用的多套系统耦合的暖通空调能源形式，系统灵活多变，可根据不同运行工况进行相应调节，达到运行最优。冬季供暖采用的是太阳能集热器制取热水对整个示范楼供暖，由于示范楼采用了大量被动式技术，供暖所需耗热量较低，所以太阳能热水就可满足供热需求，可实现冬季零能耗供热；夏季有四套复合式制冷系统，分别为：间接蒸发式冷却、地源热泵系统、低温吸收式制冷、高效磁悬浮冷机，可依据不同末端形式、不同天气条件、不同人员活动方式进行灵活调节。

6.1.3　调适策略

示范楼连续运行 5 年以来，采用了不同的运行模式。基本运行原则为最大限度使用太阳能，太阳能空调系统无法使用时，采用其他能源系统补充。

整个暖通空调系统采用楼宇自控系统进行日常的运行控制。图 6-2、图 6-3 为集热系统和主机的自动启停运行逻辑。

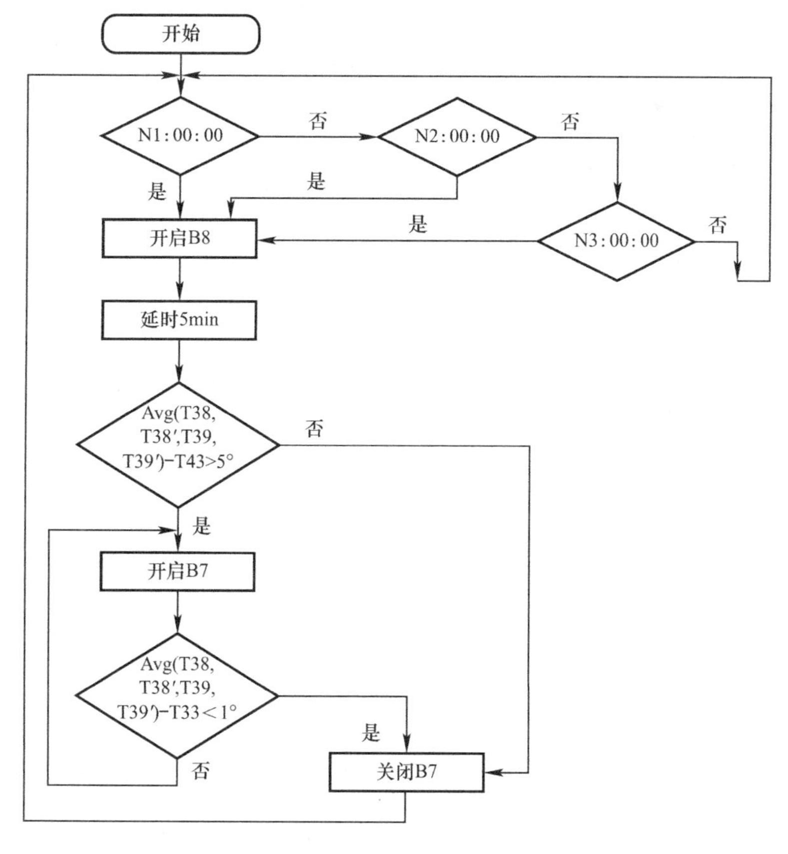

图 6-2　集热系统控制逻辑

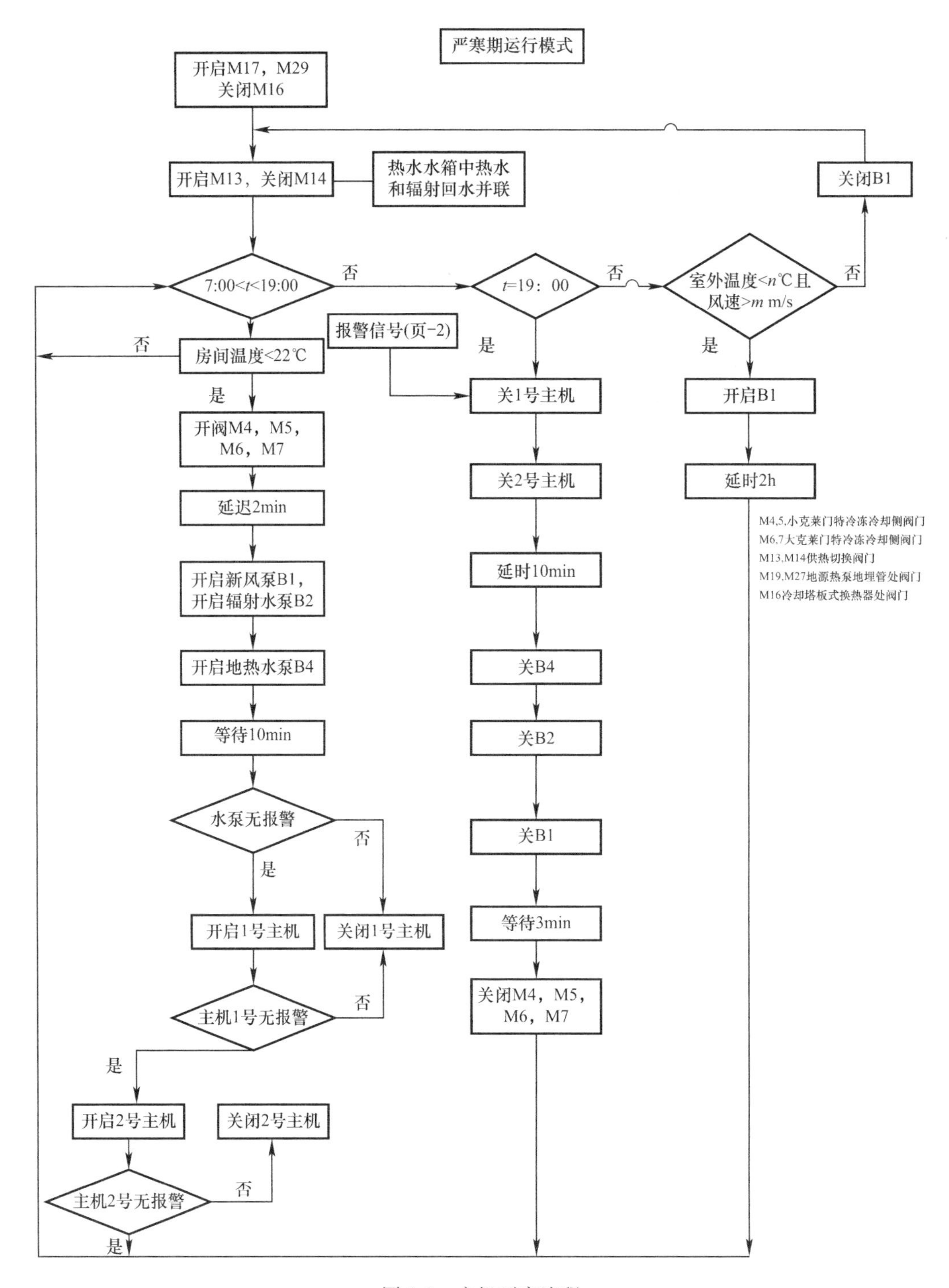

图 6-3　主机开启流程

6.1.4　能耗分析

从能耗监测平台和楼宇自控系统读取并筛选数据，分析示范楼逐年和分系统的能耗情况。同时结合室内环境参数，分析建筑能源系统运行效果。

能耗分析包括：照明、动力、插座、暖通空调、特殊电耗及光伏发电能耗，并对暖通空调能效水平进行分析；室内环境分析包括：CO_2 浓度、PM2.5 浓度、温湿度；室外环境分析包括：PM2.5 浓度、温湿度、辐照度。

1. 能耗监测系统

该示范楼的能耗由照明、插座、动力、暖通空调、特殊用电以及光伏发电组成。动力用电主要为电梯用能；暖通空调用能主要包括冷热源机组能耗、冷水和冷却水输配能耗，空调末端风机能耗等；特殊用电主要包括系统能耗监测展示平台、气象站以及室外 LED 实时数据显示屏能耗（图 6-4）。

为了获取建筑真实运行数据及对各系统运行评估分析，建立了完善的建筑能耗监控系统，包含用电和用热监测。分别对建筑照明、插座、暖通空调和其他用电系统和设备耗电量进行计量，对暖通空调设备冷水、冷却水侧供回水温度、流量，供冷供热量进行计量。各能耗计量设备经标定后接入系统，所有计量设备具有数据远传功能，按照设定频率，将采集到的参数上传至中央能耗监测平台。

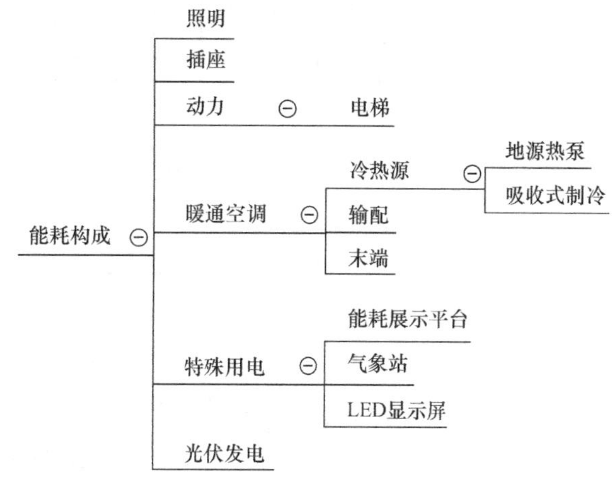

图 6-4 CABR 近零能耗示范楼能耗构成

2. 示范楼计量系统调试

示范楼计量系统于 2014 年搭建完成，2015 年投入使用，期间，对部分室内温湿度传感器进行了校正，运维管理团队于 2020 年对部分电表和热量的计量进行了校正。经过几年的运维，有几项电表出现了较为严重的计量故障，主要是互感器的问题，更换互感器后，电表正常工作。

3. 总能耗分析

CABR 近零能耗示范楼设计之初，暖通空调和照明能耗之和的目标为 $25kWh/(m^2 \cdot a)$。图 6-5 为 2015 年投入使用后至 2020 年年底的能耗情况，每年的能耗统计周期为 1 月 1 日至 12 月 31 日。从图中看到，从 2015 年至 2018 年建筑单位面积的能耗呈现逐年上升趋势，从 2019 年开始，能耗开始下降。尤其是 2020 年，建筑单位面积能耗呈现较大的下降趋势。2020 年春节期间，受到新冠肺炎疫情影响，居家办公，从 6 月份开始，逐渐恢复到正常上班的状态，全员到单位办公，因此 2020 年整年的能耗较低。

从图 6-6 看到，暖通空调能耗占全楼总能耗的 50%～60%，照明能耗占比约为 15%，插座占比约为 30%。因此，节能潜力最大的为暖通空调系统，其次为插座，这个部分主要取决于用户的行为。

4. 能源系统整体分析

暖通空调系统由冷热源主机、输配系统和末端系统组成。图 6-6 为主要冷机的逐年能耗情况。

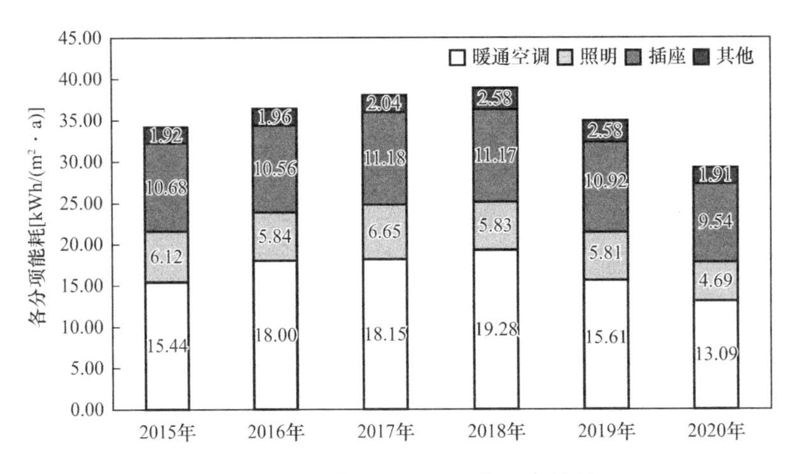

图 6-5 示范楼 2015—2021 年逐年能耗

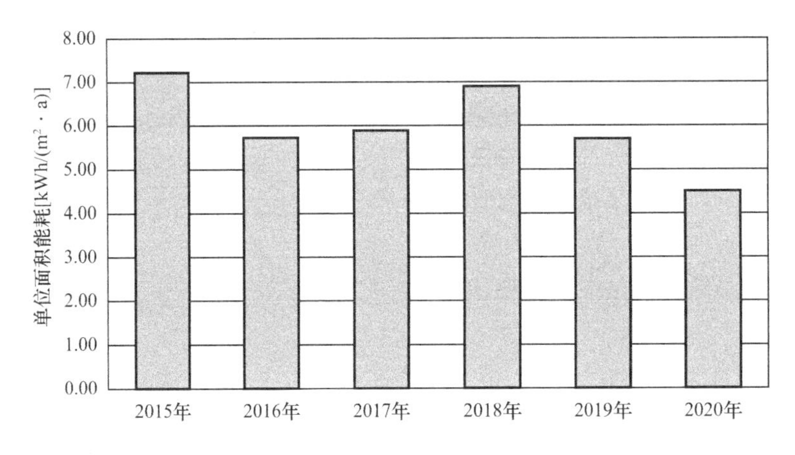

图 6-6 冷机单位面积逐年能耗

图 6-7 为暖通空调系统中水泵的逐年能耗。从各水泵的能耗变化看到，冷却水泵的能耗是所有水泵中占比最大的，其次是集热水泵。从 2015 年开始，冷却水泵的能耗在水泵系统中占比分别为 35.1%，26.7%，29.5%，46.7%。集热水泵的占比分别为 26.7%，20.0%，22.2%。

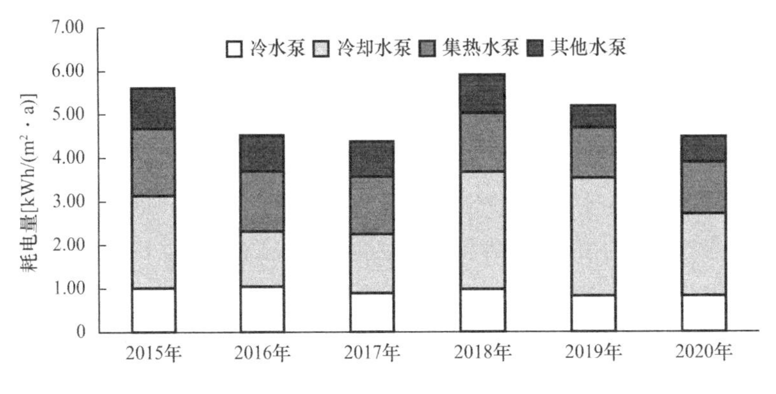

图 6-7 水泵 2015—2020 年逐年能耗

从图 6-8 看到吸收式冷机 *COP* 有逐年下降的趋势。因此后续需对吸收式冷机的运行进行分析和持续调试。

地源热泵机组逐年冬季 *COP* 变化情况如图 6-9 所示。从图中看到 1 号地源热泵机组运行 *COP* 保持在 5～6 之间，根据产品铭牌，该设备标准制热工况下，*COP* 为 4.1，地源热泵机组运行较为正常。

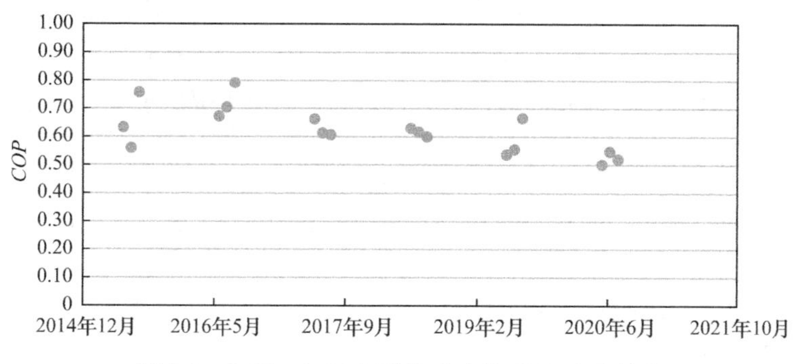

图 6-8　2015—2021 年吸收式冷机 *COP* 变化情况

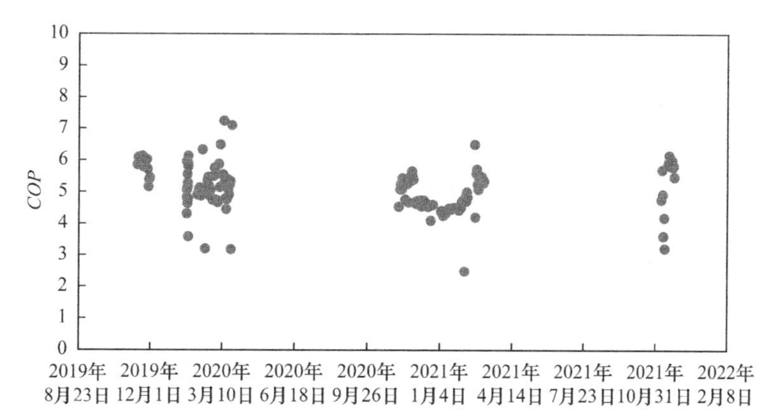

图 6-9　地源热泵机组 *COP* 变化情况

上文总结了机组近 2 年持续运行的性能参数，可以看到，吸收式冷机运行 *COP* 有一定程度的下降。地源热泵机组冬季运行 *COP* 在 5～6 之间，且多年运行较为稳定。

5. 室内环境情况

由于示范楼每层都采用了不同的冷热源系统和新风系统，因此对每层的室内环境参数进行分析。

图 6-10～图 6-12 分别为示范楼典型层典型房间的室内温湿度、CO_2 浓度变化情况。从图中看到，室内温度一直保持在舒适范围，但是相对湿度和部分房间 CO_2 浓度偏离舒适区域较大，舒适性较差。因此，在对示范楼的持续调适过程中，应对新风设备的性能及新风的运行进行审核。

6.1.5 小结

在设计之初，示范楼就以“冬季不使用传统能源供热、夏季供冷能耗降低 50%，建筑照明能耗降低 75%”为目标，能耗控制设计指标为 25kWh/(m^2·a)。从以上各设备和系统的能耗变化可以看到，主要能源系统运行基本稳定，能效也处于较为合理范围。由于建筑人员入住情况逐年发生变化，因此，2021 年的运行中，着重对新风系统进行了运维调适。

经过 2015—2021 年度的实际运行，其全年能耗为 22kWh/(m^2·a)。连续 6 年调适结果显示，较同类建筑节能 80kWh/(m^2·a)，相对节能率达到 80%，三年运行累计节能量 960MWh，三年累计减少二氧化碳排放 720t。同时，楼内采用净水回收装置，中水利用减少水资源消耗。全楼采用高效新风净化系统，全年室内 PM2.5 控制在 50μg/m^3 以下，噪声控制在 30dB 以下，室内温湿度不保证率小于等于 10%，为员工提供了舒适、健康的办公环境。

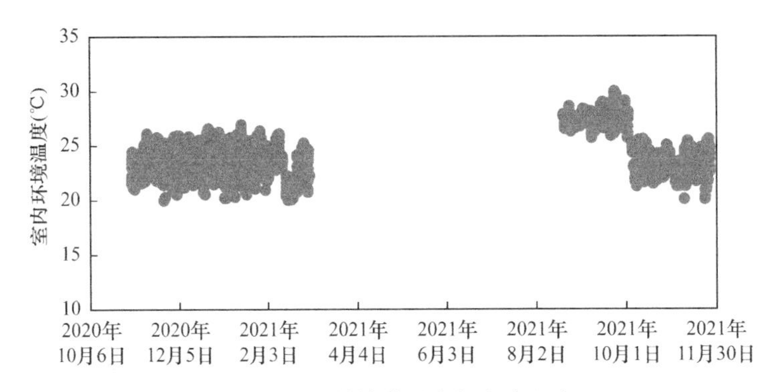

图 6-10 示范楼典型房间室内温度

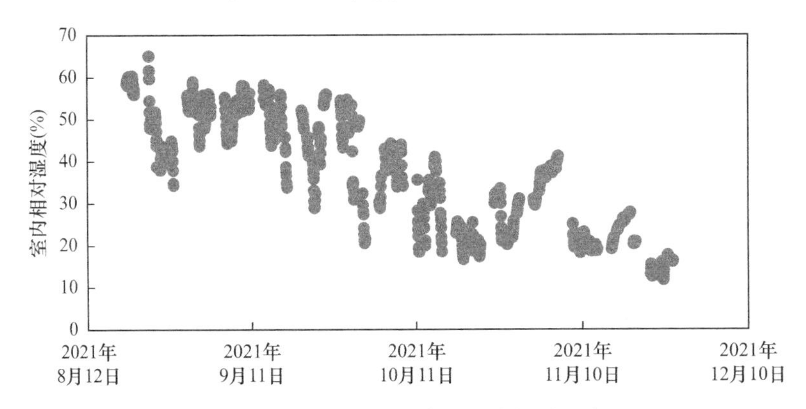

图 6-11 示范楼典型房间室内相对湿度

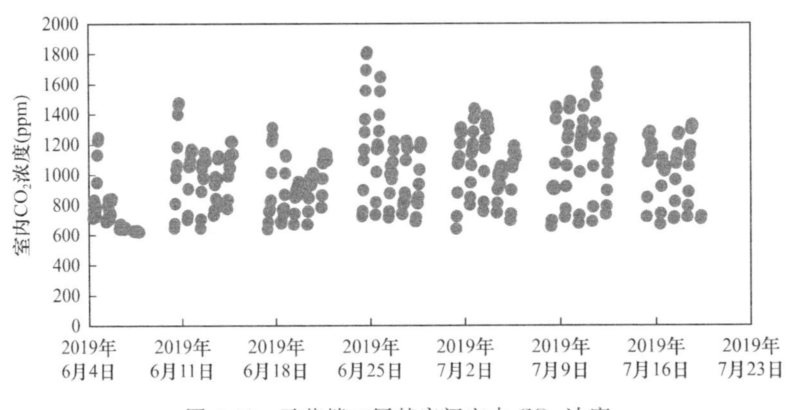

图 6-12 示范楼二层某房间室内 CO_2 浓度

6.2　珠海兴业新能源产业园研发楼

6.2.1　项目概况

珠海兴业新能源产业园研发楼（又名 GREEN YES），地处广东省珠海市，属于夏热冬暖气候区域，建筑位于珠海海岸线的西面，到海岸直线距离约为 2.3km，常年刮东南风，以炎热潮湿天气为主。该建筑为大型办公建筑，建筑地下 1 层，地上 17 层，总建筑面积 23546m^2，其中地上面积为 22148.38m^2，建筑高度 70.35m，空调面积约为 16800m^2。建筑造型像自然中生机盎然的两片新叶，是一座具有办公、会议、展示等多种功能的综合性办公楼。项目从规划设计、建造施工到运营调试，历时 3 年。以节地、节水、节能、节材和保护室内环境为核心，重点开展基于办公建筑的智能微能网技术、照明节能技术、建筑调适以及建筑混合通风技术的研究开发和示范。建筑获得绿色建筑三星级设计及运营标识、LEED 铂金认证，为夏热冬暖气候区域具有代表意义的净零能耗建筑（图 6-13）。

图 6-13　项目航拍图

该建筑以“被动优先，主动优化”为建设原则，采用高性能围护结构，结合建筑的通风及采光，进行多样化的光伏建筑一体化设计，包括季节控制通风光伏遮阳系统、光伏双玻百叶女儿墙、园林式光伏屋面遮阳系统及点式光伏雨篷等。同时，采用智能建筑微能网合理调度各光伏系统发电量。为进一步降低建筑能耗，采用了基于人行为的照明、空调、新风三联控技术及建筑能源管理系统。

项目每年 5 月 1 日至 10 月 15 日为空调季，3～4 月梅雨季节根据气象条件选择性开启新风系统降低室内湿度，其他时间段均采用自然通风降温，全年不需要供暖。该项目的整体设计目标为单位面积年电能消耗低于 50kWh，建筑可再生能源替代传统能源比例大于 10%。有较为精细的分项用电计量设备，精确计量包含空调、设备、照明及数据机房等特殊用电，利用能耗监测平台进行能耗数据、光伏发电量的监测及分析。

6.2.2　系统构成

1. 围护结构

在夏热冬暖地区，建筑外围护结构以加强外遮阳为主要技术手段，该项目的平均窗墙比为 0.51，根据《公共建筑节能设计标准》GB 50189—2015，该项目属于甲类公共建筑，外窗的可见光透射比不应小于 0.40，同时外窗（包括透光幕墙）的有效通风换气面积不应小于所在房间外墙的 10%。

建筑外围护结构采用三银 Low-E 玻璃，层间安装了光伏外遮阳构件。非透明幕墙传热系数为 0.44W/(m^2·K)，非透明幕墙的传热系数等级为 8 级；透明幕墙玻璃采用 3 银

Low-E 玻璃，综合传热系数为 2.362W/(m²·K)，遮阳系数 SC=0.35，透明幕墙部分传热系数等级为 5 级，遮阳系数等级为 6 级。

2. 太阳能光伏

在屋顶及南立面均安装有太阳能光伏组件，光伏系统总装机容量为 228.1kWp，光伏组件安装分布情况如表 6-1 所示。

光伏组件安装位置及功率　　表 6-1

安装位置	类型	功率（Wp）	数量（块）	总功率（kWp）
裙楼雨棚	单晶硅	192	91	17.472
南立面	单晶硅	172	739	127.108
屋顶百叶	单晶硅	24	336	8.064
屋顶平面	单晶硅	245	308	75.46

3. 暖通空调

夏热冬暖气候区域的建筑主要考虑夏季供冷，不考虑冬季供暖。该项目所在区域的夏季室外空调计算日平均温度为 30.1℃，计算干球温度为 33℃，计算湿球温度为 27.9℃，夏季室外平均风速为 2.1m/s。建筑为高档综合性办公用途，夏季供冷工况的热舒适性根据《民用建筑供暖通风与空气调节设计规范》GB 50736—2012 取为 I 级（即室内温度为 25℃，相对湿度为 55%），新风量为 30m³/(h·人)。

考虑到使用规律不同，中央空调分为两部分，冷水机组供二～十二层、十四～十七层，配套一台 35000m³/h 的新风处理机。十三层采用多联机空调系统并有独立新风。中央空调实现 7×24 小时无人化管理，系统依据物业管理人员预设定的时间表进行全自动化控制，系统周一至周日 8：00 启动，21：00 停止，其中 8：30～18：00 为正常上班时间段，18：00～21：00 为加班时间段，加班时间段系统处于低负荷运行。

暖通空调系统参数与各设备的负责区域如表 6-2、表 6-3 所示。

暖通空调系统参数及各设备负责区域　　表 6-2

设备	台数	性能参数	负责区域
螺杆式冷水机组	2	额定制冷量：908kWh 额定用电量：157kWh 额定 *COP*：5.78	二～十二层、十四～十七层
冷却水泵	3	额定功率：30kW 变频：是	二～十二层、十四～十七层
冷水泵	3	额定功率：22kW 变频：是	二～十二层、十四～十七层
冷却塔	2	风扇功率：5.5kW×2 变频：是	二～十二层、十四～十七层
全热回收新风机	1	额定功率：67kW 压缩机功率：37kW 送风机功率：15kW（变频） 排风机功率：15kW（变频） 额定送风量：35000m³/h 机外余压：400Pa	二～十二层、十四～十七层
风机盘管	512	直流无刷风机盘管	二～十二层、十四～十七层

多联机空调系统参数及负责区域 **表 6-3**

设备	台数	性能参数	负责区域
多联机	1	额定制冷量：28kWh 额定用电量：8.68kWh 能效等级：一级	十三层
多联机	2	额定制冷量：45kWh 额定用电量：13.4kWh 能效等级：一级	十三层
多联机	1	额定制冷量：50kWh 额定用电量：15.6kWh 能效等级：一级	十三层

4. 自然采光及照明

建筑楼梯间、设备间等对采光要求不高的附属房间集中布置在核心筒内，主要功能房间布置在外沿，围护结构采用玻璃幕墙，自然采光条件良好。建筑地下室设备机房使用导光管系统，改善地下空间的自然采光效果，满足国家标准《建筑采光设计标准》GB 50033—2013 对空调机房/泵房的采光要求。为降低能源消耗，未设置过多装饰照明，全部采用 LED 节能照明灯具，主要办公区域照明功率密度值 5W/m^2，照明控制采用光照度感应结合工位人员在岗数据联动控制。楼道、打印室、洗手间等公共区域均采用人体感应控制开关。

5. 自然通风

建筑一层为展示展览区域，无人员长期逗留，因此一层不设置空调，为加强自然通风，一层东、南、北面为可开启电动百叶，在增强自然通风的同时，营造出室内室外无界的环境。同时，为提高在室外温度超过 30℃的气象条件下人员舒适度，在主要展示区域利用 7 台大直径吊扇增强气流流动。

6. 能耗计量系统

该项目建筑运行能耗监测计量结构如图 6-14 所示，分别对建筑空调、动力、插座、照明和特殊用电进行能量监测，主要监测仪表如表 6-4 所示。

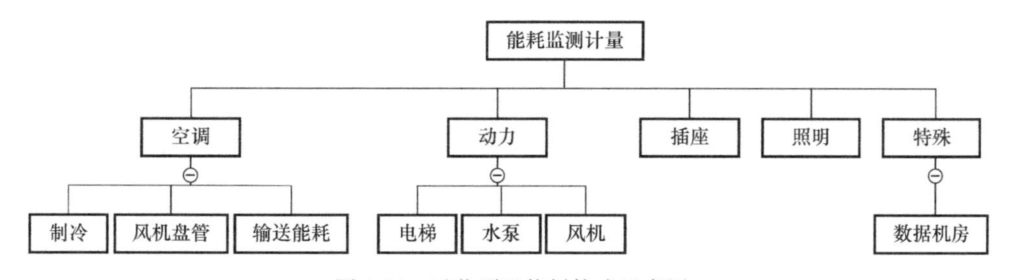

图 6-14 示范项目能耗构成示意图

主要监测仪表 **表 6-4**

序号	主要监测仪表	精度	数据传输功能
1	电能表	0.5S	RS 485 标准串行接口，支持 Modbus 通信协议
2	互感器	0.5 级	—
3	电磁式热量表	2%	RS 485 标准串行接口，支持 Modbus 通信协议

6.2.3 调适策略

1. 设计阶段

净零能耗建筑对于建筑节能及室内舒适度的要求，确定了调适的应用必须从建筑设计阶段开始介入，设计阶段的主要工作包含以下两部分：

（1）精确计算建筑冷热负荷及能耗

精确的负荷计算及运行负荷曲线对于未来运行阶段的贡献非常大，通过能耗模拟结果指导设计阶段的机电设备系统选型，从而避免在设计阶段的失误导致在运行阶段产生无法回避的缺陷，有一些问题在设计阶段确定之后，因施工阶段没有完全落实设计细节，会导致非常大的投入才能达到预期设计目标。

可再生能源系统在净零能耗建筑中是必不可少的，精确的能耗计算可以指导设计阶段进行可再生能源系统规划，提前预知未来运行阶段的能耗，可以更好地进行能源系统的匹配。

精确的负荷计算对室内热舒适度的贡献非常大，在设计阶段模拟每个房间的负荷，可以避免局部区域的冷热不均衡问题，合理的末端选型可以提高室内热舒适度，过大的选型会增加成本，过小的选型导致室内热舒适度降低，尤其是东、西向靠窗或窗墙比比较大的区域需特别注意。

（2）设计阶段对于传感器及监测仪表的选型

建筑运行阶段的调适主要依赖于测试数据，测试数据的准确度直接影响调适结果。常规情况下测试数据来源于两类：一类是建筑施工阶段安装的永久使用的仪表和传感器，如电表以及温度、湿度、压力、流量等传感器；另一类是在调适阶段临时使用的检测装置，如室内温湿度检测仪、风量罩、热成像仪等。其中，需要在施工阶段安装的传感器的精度要求和安装位置在设计阶段必须进行明确。

2. 招标投标阶段

招标投标时期重点关注的是招标投标设备材料清单是否与设计要求一致，很多情况下建设单位及投标单位对于设备材料的细微偏差并不敏感，达到基本要求即可，他们重点关注的是商务及价格问题。因此，在招标投标阶段，调适重点关注与设计一致性及施工单位优化的内容，若存在部分与设计不一致的地方应该及时提出或提供解决方案。

3. 施工阶段

施工阶段关注的内容包含以下几个部分：

（1）净零能耗专项施工交底

净零能耗建筑施工交底非常重要，与各方明确施工方案，重点是围护结构、机电安装工程，需要明确提出净零能耗建筑的工序和工艺要求。

（2）施工方案与设计图纸的一致性

施工阶段会对设计进行优化，并做设计变更，施工阶段的调适要严格管理设计变更，对于设计阶段即存在问题，施工方案是否合理，应该采用合理的方案避免设计阶段出现的问题，及时与建设单位、设计单位、监理单位沟通，尤其重点关注给水排水、暖通空调分部分项工程。

(3) 重点检查隐蔽工程

隐蔽工程在施工阶段会报监理工程师进行验收，但是监理单位对于节能并不敏感，达到基本的要求即可。调适人员需要深入现场对施工过程进行监管，对于有问题的地方应该提出整改方案。

(4) 工程验收前检查

在工程验收前需要检查各个重点环节是否到位，是否与图纸一致，对于有明显影响的问题应该提出整改建议，应全程参与工程验收的整个过程。

4. 运行阶段

运行阶段的调适应该从合理、安全、节能、稳定四个方面考虑，又分为基础调试和高级调适。运行阶段的调适对建筑能耗和室内舒适度有非常直观的影响，调适结果会明确反映到系统能效和建筑能耗及室内舒适度检测参数上。

基础调适重点解决存在的安全隐患，例如对系统长期运行的稳定性有较大影响的问题，各项设备和系统的设定参数是否合理，比如检查传感器检测值是否与实际一致、显示数值是否合理、电表的互感器比例是否正确等；用红外热成像仪检查电气铜排和接头的温度。

高级调适重点解决空调系统水力平衡问题，例如校核自动控制系统的控制逻辑是否满足能效及能耗指标要求，深入分析系统各项高级控制参数设置是否合理。

6.2.4 能耗分析

1. 建筑能耗跟踪监测

依托自主研发的能耗监测平台，进行项目的实时能耗监测计量，建筑的输入能源为电力，无其他能源消耗，无天然气供应，无供暖需求。该项目建筑具体信息如表6-5所示。

建筑信息概况 **表6-5**

基本信息	GreenYES研发楼
建筑面积 (m^2)	23546.08
建筑层数	地上17层，地下1层
办公时间	8：30～21：00
冷源形式	螺杆机
总冷负荷设计 (kW)	1816
新风量设计 (m^3/h)	35000
绿色建筑评级	设计及运行三星

该项目从2017年6月—2021年12月逐月分项能耗如图6-15所示，包含建筑空调、动力、插座、照明和特殊用电，其中，暖通空调包含冷热源设备、末端风机盘管系统设施、输配系统设备用电。

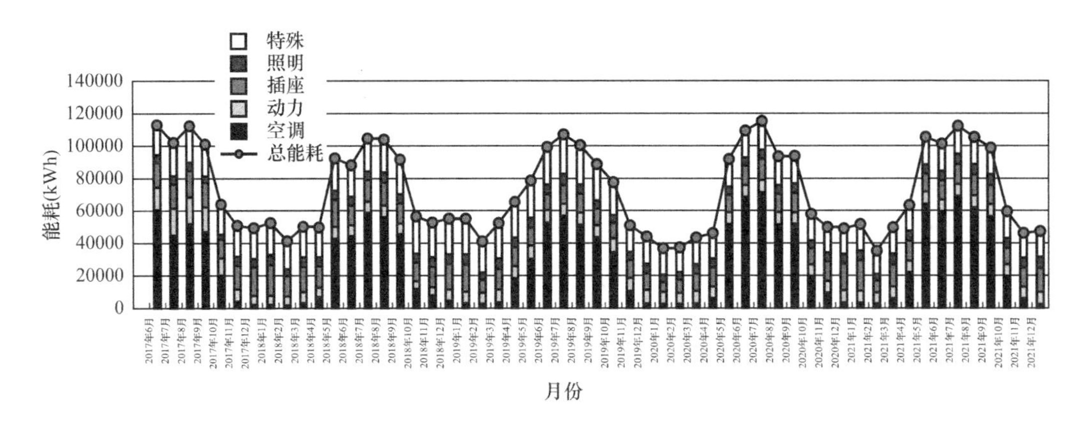

图 6-15　示范项目能耗跟踪统计表

2. 年度能耗对比分析

针对 2018—2021 四个年度能耗数据进行建筑年度总能耗对比分析（表 6-6 和图 6-16），总能耗数据包含建筑空调、动力、插座、照明和特殊用电，其中，暖通空调包含冷热源设备、末端风机盘管系统设施、输配系统设备用电。从图 6-16 中可以看出，2018—2021 年，建筑年总能耗分别为 8382751kWh、860447kWh、823679kWh、875513kWh，折算单位面积年能耗为 35.6kWh/m²、36.5kWh/m²、35kWh/m²、37.18kWh/m²。

逐年分项能耗统计　　　　**表 6-6**

分项	2018 年	2019 年	2020 年	2021 年	用能设备
空调能耗（kWh）	285365	309346	341459	373065	冷水机组、多联机空调、水泵、冷却塔、新风机、风机盘管、水处理器
动力能耗（kWh）	75647	93245	87675	87706	电梯、给水排水设备、雨水回收系统、消防水泵等
插座能耗（kWh）	168712	133606	133535	147765	办公电脑插座、饮水机、打印机
照明能耗（kWh）	67356	68812	64317	73594	室内照明
特殊能耗（kWh）	241194	255438	196693	193383	数据中心精密空调、服务器
总能耗（kWh）	838275	860447	823679	875513	空调、照明、动力、插座、数据中心（未扣除光伏）
单位面积能耗（kWh/m²）	35.6	36.5	35	37.18	

3. 典型年度能耗分析

该项目建筑能耗监测自 2017 年 6 月至今，现取 2021 年全年能耗数据进行建筑典型年度能耗分析。

（1）室外环境

全年平均室外温度 26.2℃，1～4、11～12 月为过渡季节，过渡季平均室外气温 22.5℃，5～10 月为制冷季，制冷季平均室外气温为 29.9℃。2021 年日平均室外温度如图 6-17 所示，日平均室外相对湿度如图 6-18 所示。

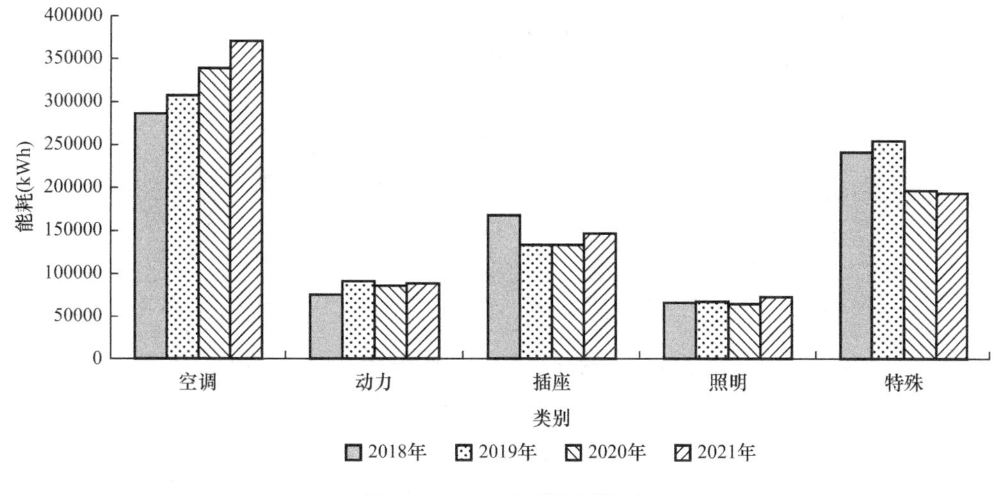

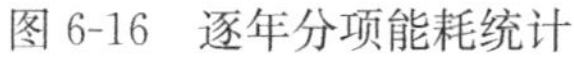
图 6-16 逐年分项能耗统计

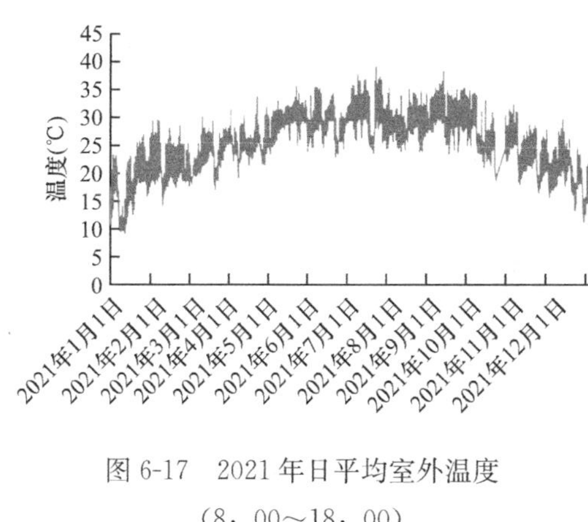

图 6-17 2021 年日平均室外温度（8：00～18：00）

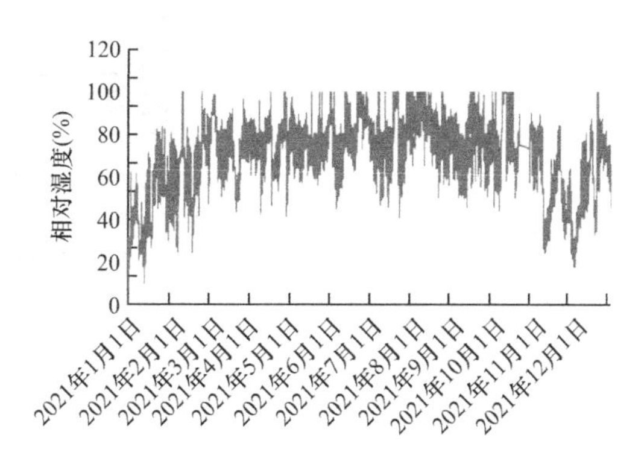

图 6-18 2021 年日平均室外相对湿度（8：00～18：00）

（2）用电量统计

根据实际运行的调试情况，2021 年 1—12 月建筑实际运行能耗为 875513kWh，基于全部建筑面积 23546.08m^2 折算，单位面积能耗为 37.18kWh/(m^2・a)，去除数据机房为特殊用电，空调、照明、插座、动力用电量为 682130kWh，折算单位面积能耗为 29kWh/(m^2・a)；统计期间实际光伏发电总量为 132410kWh，若抵消太阳能发电量，则实际总净能耗（不含数据机房）为 23.35kWh/(m^2・a)，如图 6-19～图 6-21 所示。

（3）分项用电量统计

空调总用电量 373065kWh，单位面积空调用电量 15.8kWh/(m^2・a)；

动力总用电量 87706kWh，单位面积动力用电量 3.7kWh/(m^2・a)；

插座总用电量 147765kWh，单位面积插座用电 6.3kWh/(m^2・a)；

照明总用电量 73594kWh，单位面积照明用电 3.1kWh/(m^2・a)；

特殊总用电量 193383kWh，单位面积照明用电 8.2kWh/(m^2・a)。

2021 年分项用电量统计如表 6-7。

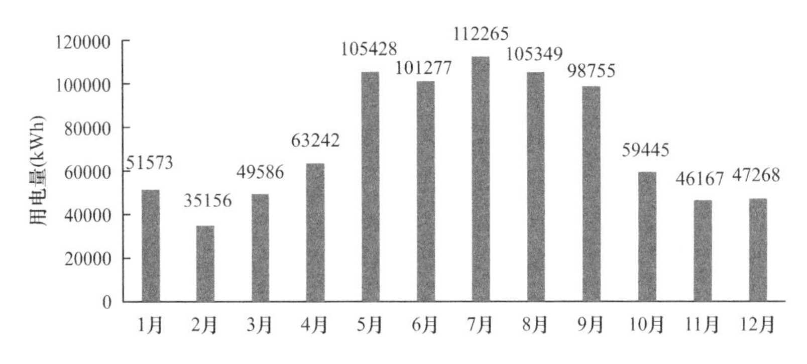

图 6-19　2021 年各月用电量

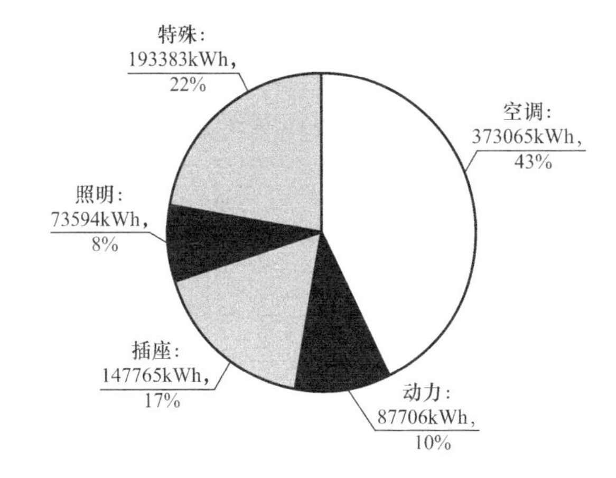

图 6-20　2021 年分项用电量

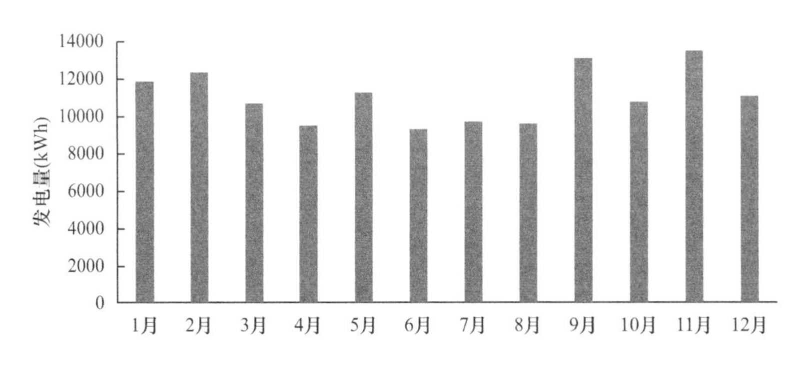

图 6-21　2021 年逐月光伏发电量统计

2021 年分项用电统计表　　**表 6-7**

分项	总用电量(kWh)	单位面积年用电量[kWh/(m²·a)]	占比(%)	用能设备
空调	373065	15.8	43	冷水机组、多联机空调、水泵、冷却塔、新风机、风机盘管、水处理器
动力	87706	3.7	10	电梯、给水排水设备、雨水回收系统、消防水泵等
插座	147765	6.3	17	办公电脑插座、饮水机、打印机
照明	73594	3.1	8	室内照明

续表

分项	总用电量(kWh)	单位面积年用电量[kWh/(m²·a)]	占比(%)	用能设备
特殊	193383	8.2	22	数据中心精密空调、服务器
合计	875513	37.2	100	

注：2021年制冷季从4月15日开始到11月15日结束，11月当室外气温高于28℃时间歇性开启空调。

(4) 夏季典型周能耗表现

取7月5—11日（周一～周日）典型周数据进行分析，在该时间段内除特殊用电以外，其他各分项能耗数据与建筑运行规律基本一致。但用电量曲线反映出插座用电、照明用电、动力用电夜间待机能耗较高，存在进一步节能空间（图6-22）。

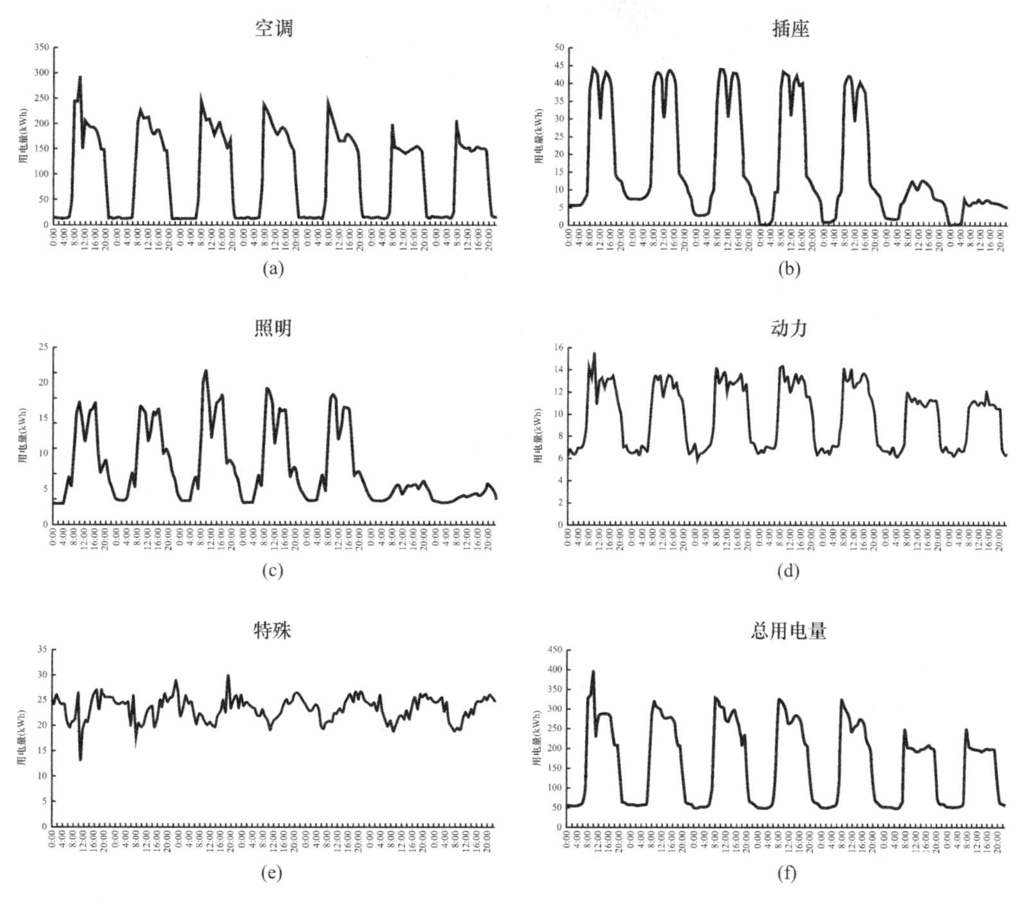

图6-22 典型周分项用电趋势

(5) 空调系统专项分析

该项目夏季供冷期间（主要在4～10月），2021年冷水机组集中供冷量为1238179.2kWh，折合单位面积供冷量为52.6kWh/(m²·a)，多联机仅为十三层供冷，由于室内机过于分散，未能统计供冷量。

空调系统全年运行能耗为373065kWh，集中空调总用电量为335736.9kWh，其中主机用电量 214370kWh、冷水泵用电量 284887kWh、冷却水泵用电量 21204.9kWh、冷却塔用电量 10251.9kWh、风机盘管用电量 31762.4kWh、新风机用电量 29661.2kWh（图 6-23）。

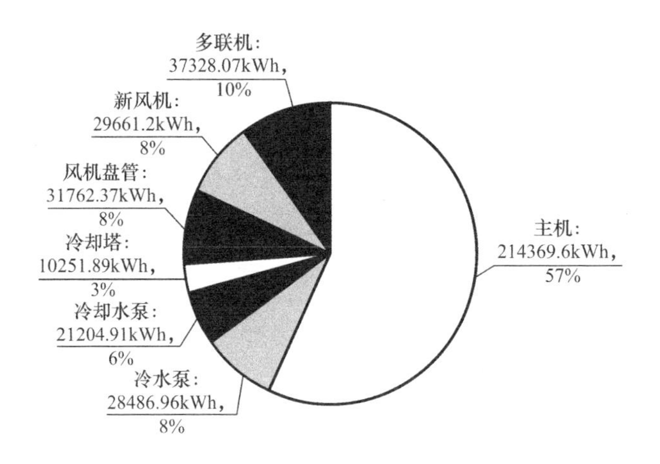

图 6-23　2021 年暖通空调设备用电

根据能耗平台监测数据计算得到，空调系统 2021 年供冷季能耗、能效指标如表 6-8 所示。其中，空调系统（不含多联机）平均能效为 3.69，集中冷站平均 *COP* 为 4.51，冷水机组平均 *COP* 为 5.78，冷水泵 *EER* 为 43.5，冷却水泵 *EER* 为 58.4，空调末端系统 *EER* 为 20.2，处于良好水平。

空调系统能耗、能效指标　　表 6-8

<table>
<tr><th>指标</th><th>数值</th><th>单位</th></tr>
<tr><td>单位面积供冷量</td><td>52.6</td><td>kWh$_{冷}$/(m^2·a)</td></tr>
<tr><td>单位面积供冷能耗</td><td>15.8</td><td>kWh$_{电}$/(m^2·a)</td></tr>
<tr><td>冷水机组 COP</td><td>5.78</td><td rowspan="7">kWh$_{冷}$/kWh$_{电}$</td></tr>
<tr><td>冷水泵输配系数</td><td>43.5</td></tr>
<tr><td>冷却水泵输配系数</td><td>58.4</td></tr>
<tr><td>冷却塔输配系数</td><td>120.8</td></tr>
<tr><td>冷站 COP</td><td>4.51</td></tr>
<tr><td>末端输配系数</td><td>20.2</td></tr>
<tr><td>空调系统 COP</td><td>3.69</td></tr>
</table>

（6）室内环境

统计 2021 年制冷季周一～周五 8：00～18：00 典型楼层的室内环境数据，由此进行室内环境质量分析，分别采集室内温度、湿度、二氧化碳浓度。

《室内空气质量标准》GB/T 18883—2002 规定的夏季空调室内温度标准值为 22～28℃，湿度为 40%～80%。统计数据显示，该项目全年室内温度 86%的时间为 26～27℃，91%的时间室内湿度在 60%～80%之间，99%的时间二氧化碳浓度在 400～800ppm 之间

(图 6-24～图 6-26)。由此可见，室内环境在绝大部分时间是满足舒适度要求的，全年供冷量以及空调系统电耗较低并非以牺牲室内热舒适性为代价。

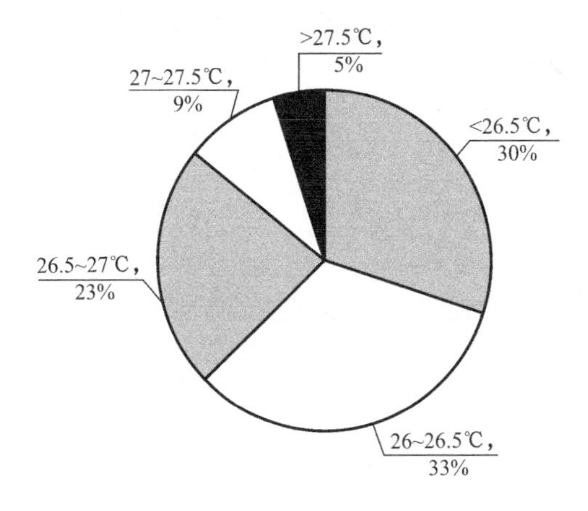

图 6-24 全年工作时间室内温度分布

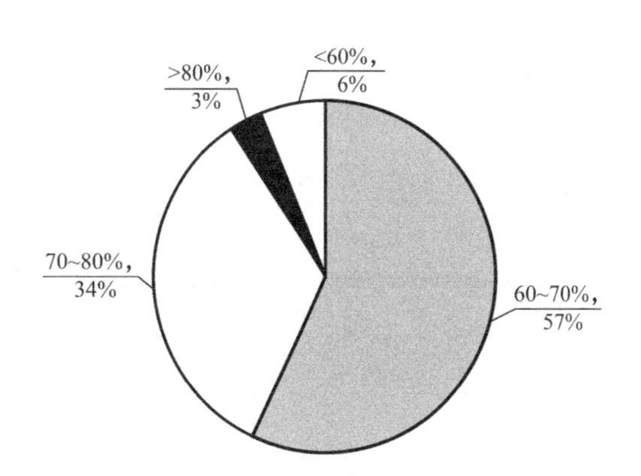

图 6-25 全年工作时间室内湿度分布

图 6-27～图 6-29 分别统计了夏季典型日室内温度、相对湿度以及二氧化碳浓度的变化情况。典型日当天室外最高气温 37.6℃，最低气温 28.2℃，处于较为炎热的状态，而工作时间段，室内温度基本维持在 27.1℃，室内相对湿度为 60%～80%，室内相对湿度偏高的时间主要集中在刚启动空调的时间段内。室内二氧化碳浓度随着工作时间段办公人员的活动而波动，但全天都低于 800ppm，满足相关标准要求。

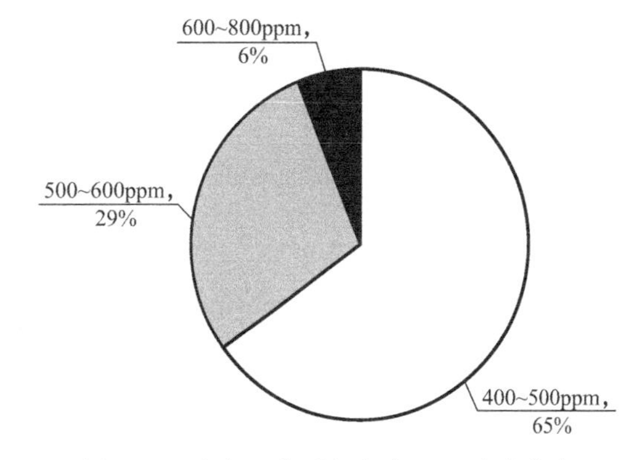

图 6-26 全年工作时间室内 CO_2 浓度分布

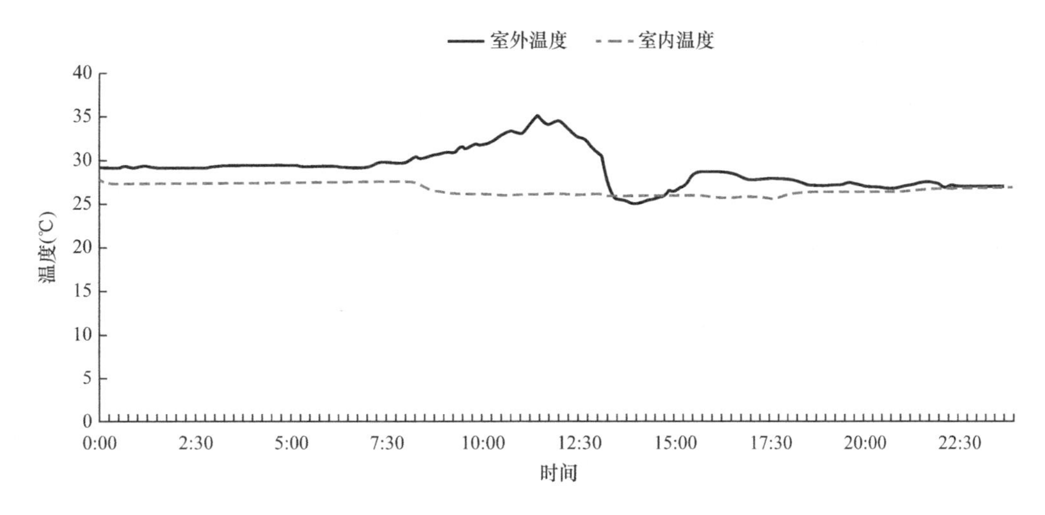

图 6-27 夏季典型日室内外温度变化

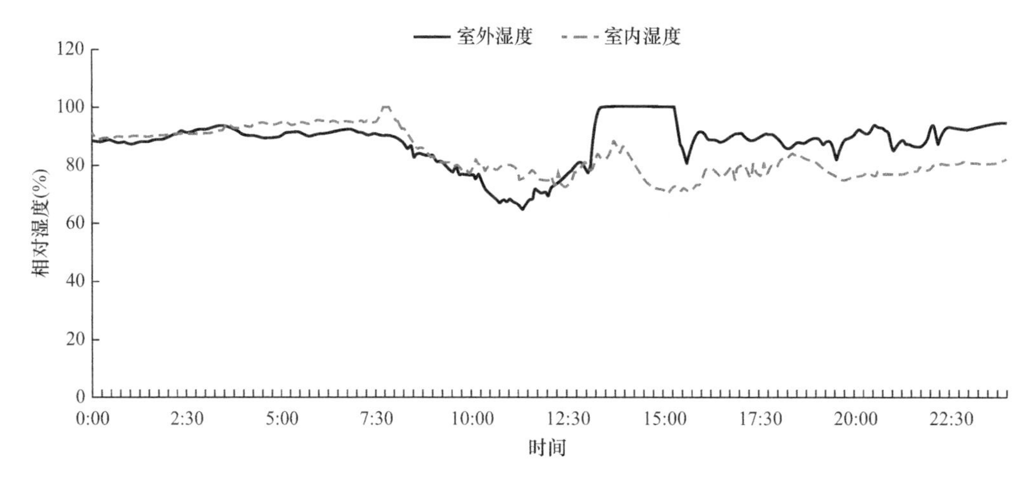

图 6-28 夏季典型日室内外相对湿度变化

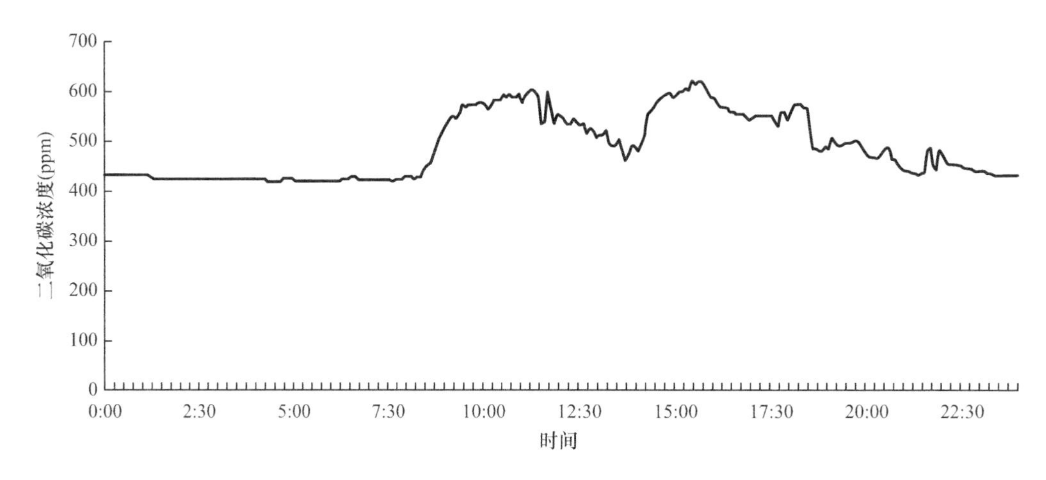

图 6-29 夏季典型日室内外二氧化碳浓度变化

6.2.5 小结

通过对珠海兴业新能源产业园研发楼建筑能耗的监测计量跟踪，可以看出，该项目建筑能耗满足设计要求，2018 年能耗计量显示，建筑实际运行单位面积用电量为 35.6kWh/(m^2 · a)，扣除太阳能发电的 99219kWh 后，建筑净用电量为 739089kWh，折算单位面积用电量为 31.4kWh/(m^2 · a)。扣除数据机房的特殊用电后，净用电量为 497896kWh，折算单位面积用电量为 21.1kWh/(m^2 · a)。

通过持续的能耗监测和分析，推荐多项能够有效降低夏热冬暖气候区域建筑能耗的技术，如表 6-9 所示。

夏热冬暖气候区域建筑节能降耗技术推荐表　　表 6-9

技术	优点	缺点
自然通风及吊扇	能够有效降低人员不长期活动区域的空调能耗	舒适性较差，冬季及过渡季需要考虑如何关闭的问题

续表

技术	优点	缺点
高效变频冷水机组	简单易实施，相比普通定频机组及多联机节能效果明显	需要调适及优秀的控制系统配合，造价稍高
空调系统节能控制系统	减少物业管理人员，能够提高系统的控制精准度及有效降低能耗	显著增加成本，对物业管理人员的要求较高
LED照明系统	简单易实施，相对荧光灯寿命更长，光效更高	可能存在LED蓝光危害
自然采光与导光管	显示提高室内环境舒适性，有效降低照明能耗	有效距窗在6m以内
太阳能光伏	节能效果明显、可计量	最佳安装位置为屋顶，公共建筑的屋顶面积有限，投资成本稍高
外遮阳与三银Low-E玻璃	被动式技术无需人工干预，节能效果明显	会稍微降低室内的自然采光

6.3 上海建筑科学研究院节能示范工程

6.3.1 项目概况

上海建筑科学研究院节能示范工程位于上海市闵行区莘庄科技园区申旺路519号，地块北临申旺路；西侧为中春路；东侧临邱泾港与春中路。总建筑面积23265.03m²，其中地上部分6层，建筑面积9127.92m²；地下部分2层，建筑面积14137.11m²，主要功能为办公、员工就餐、地下停车。该工程作为示范建筑，选取地下一～六层区域作为研究对象，建筑面积为15529.03m²。建筑实景如图6-30所示。建筑施工周期为2017年7月—2019年7月，为期2年。

图6-30 莘庄科技园区10号楼建筑实景图

该工程采用较国家及地方公共建筑节能设计要求更加严格的高性能围护结构技术体系，并采用了高效多联机空调系统，结合适宜的节能运行策略和智能控制等技术，经过持续不断的运行调适，目前在室内热湿环境与空调系统节能上已经取得了较显著的成效。

6.3.2 系统构成

1. 供暖与空调系统

莘庄10号楼空调冷热源主要为多联式空调系统，地下1层、一层、四层部分区域采用5台易龙屋顶式全新风空调机组，其余培训中心、实验室、会议室及办公室等均采用30台海尔多联式空调机组，新风共采用4台热回收新风空调机组。

(1) 多联机系统

多联机具有末端调节方便、维护简单、无需专用机房等特点，非常适合在各类中小型建筑中安装使用，在局部空间、局部时间的运行模式下，多联机能够最大限度发挥系统特点优势，实现运行节能。该工程每层单独配置一套多联机机组和新风机组，有利于提高空调系统运行部分负荷率，降低运行能耗。

采用海尔MX系列无线多联机，实现智能控制运行，采用的主要技术包括：

1) 采用更高性能的涡旋变频压缩机，降低损耗，提高压缩效率；

2) 采用无级变频技术，精确控制可达0.01Hz，提高机组可靠性，降低运行能耗；

3) 采用无级变频高效直流电机，前馈控制风机，降低电机功耗；

4) 采用自带油温传感器，智能控制油温，实现低温加热，高温省电，降低待机功耗45%；

5) 采用先进冷媒控制技术，提高系统运行效率；

6) 采用温度趋近技术，减少压缩机启停损失。

该工程共采用30台海尔多联式空调机，如图6-31所示，机组参数见表6-10。

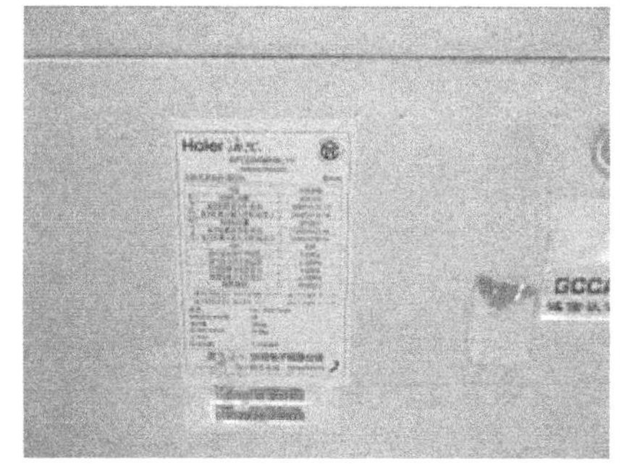

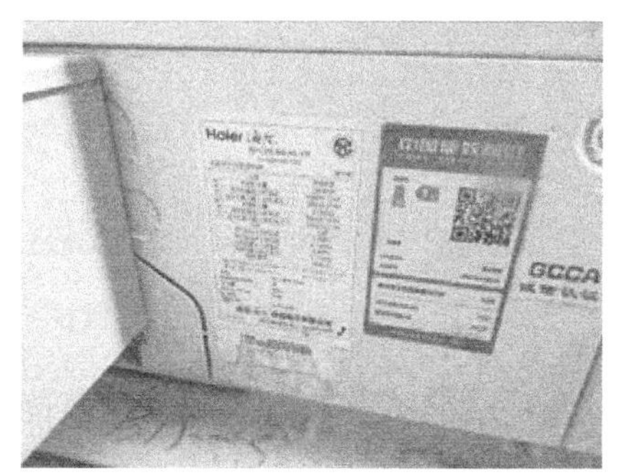

图6-31 多联机现场图片

多联机技术参数表 表 6-10

型号	台数	制冷量/输入功率 (W)	制热量/输入功率 (W)	综合性能系数 *IPLV* (C) (W/W)
(16HP) RFC450MXMLYR	6	45000/11800	50000/11200	8.80
(14HP) RFC400MXMLYR	12	40000/10900	45000/10300	9.00
(10HP) RFC280MXMLYR	8	28000/12800	31500/12800	9.30
(12HP) RFC335MXMLYR	2	33500/15000	37500/15000	9.20
(18HP) RFC504MXMLYR	2	50400/23400	56500/23400	9.10

(2) 新风系统

采用机械新风+自然通风的混合通风方式。新风系统采用易龙新风机组，部分机组为全热回收新风系统，热回收效率在65%以上，如图6-32所示，机组参数见表6-11，新风机内机参数见表6-12。过渡季节采用自然通风延长非空调供暖时间。全热回收系统采用高效换热芯体，为室内提供新鲜空气的同时回收室内污浊空气排出的冷量、水分（冬天为热量），能够减少空调系统装机容量，提高系统运行效率，保证室内温湿度稳定，全热回收新风系统具有健康环保、高效节能等特点，在低能耗建筑中得到广泛应用。

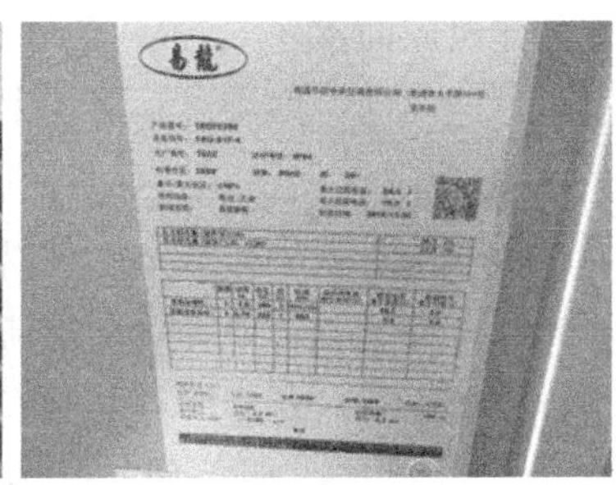
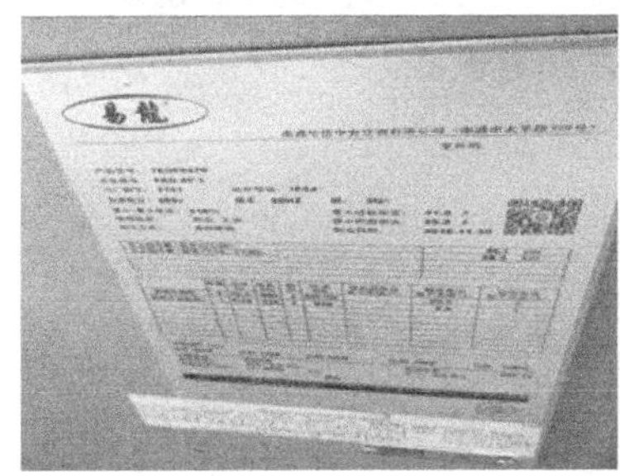

图6-32 新风机组现场图片

易龙新风空调机组性能参数表 表 6-11

型号	台数	制冷量 (kW)	制热量 (kW)	功率 (kW)	能效比 *EER* (W/W)
7EOF0390	1	39.1	22.5	8.25	4.74
7EOF0280	1	28.0	18.0	8.25	3.39
7EOF0600	1	61.5	38.2	12.85	4.79
7EOF0470	2	46.1	28.5	11.25	4.10

易龙新风空调内机性能参数表　　表 6-12

型号	风量（m^3/h）	制冷量（kW）	制热量（kW）	功率（kW）
AHU-RF-1	19800	92	26	34
SACW（H）-5F-6F-1	4000	39	42	10.96
SACW（H）-3F-3F-1	4000	39	42	10.96
SACW（H）-3F-2F-1	4000	39	42	10.96

2. 监测系统

对气象参数、建筑室内温度、相对湿度、供暖空调耗电量进行持续监测和分析。温湿度和功率监测所用仪器如表 6-13 所列。

温湿度和功率测量参数及精度　　表 6-13

型号	测量参数	分辨率	精度（误差）
ESIC-SN	温度	0.01℃	±0.5℃
	湿度	1%	±5%
ZWD414B	有功功率	0.1W	0.5%

（1）环境监测

在建筑附近的建筑屋面搭建气象站，采用郑州托莱斯科技有限公司的 TS-B1 型设备，能够测量温湿度、风速风向、太阳总辐射、太阳斜面辐射等参数。

（2）多联机监测

采用的多联机系统自带数据云平台，可以实现定量查看空调电耗，远程控制空调系统运行，灵活设定系统运行时间，能够查询包括设定温度、风速、运转状态、制冷剂系统运行参数（需要单独申请权限）在内的各类系统运行数据，监测数据如图 6-33 所示。

根据舒适和节能要求制定详细的空调运行方案，通过云平台实现智能运行以及实时调节。

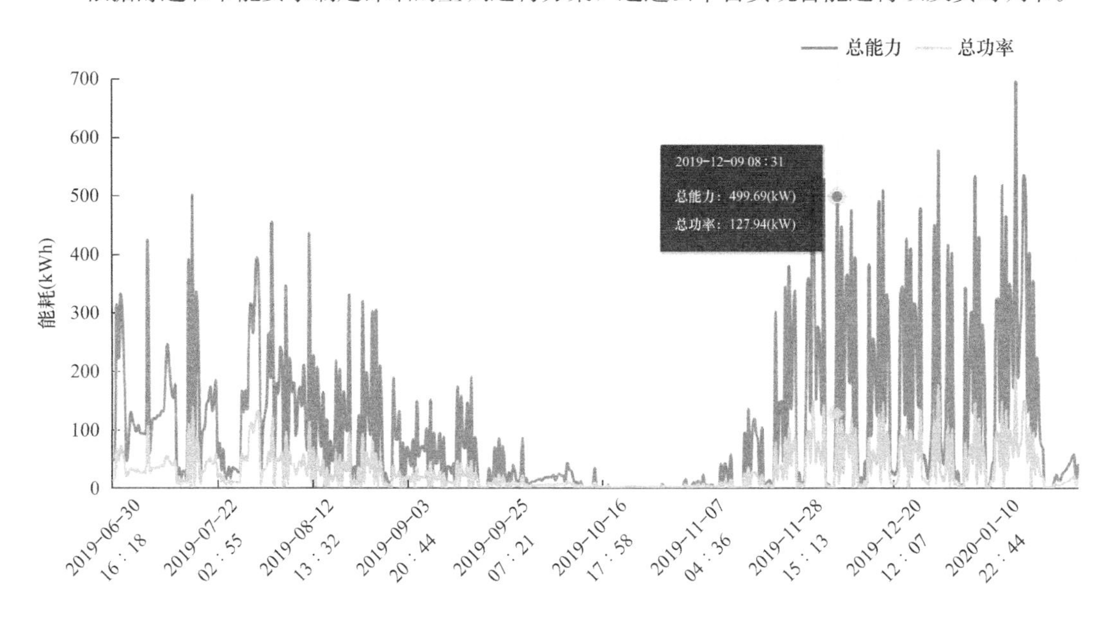

图 6-33　多联机逐时能耗监测数据

（3）新风机监测

该工程安装了中国建筑科学研究院（北京环科智控科技有限公司）的电量监测仪，用于监测多联机和新风机外机消耗电量、功率、电压、电流、功率因数等参数（图6-34）。

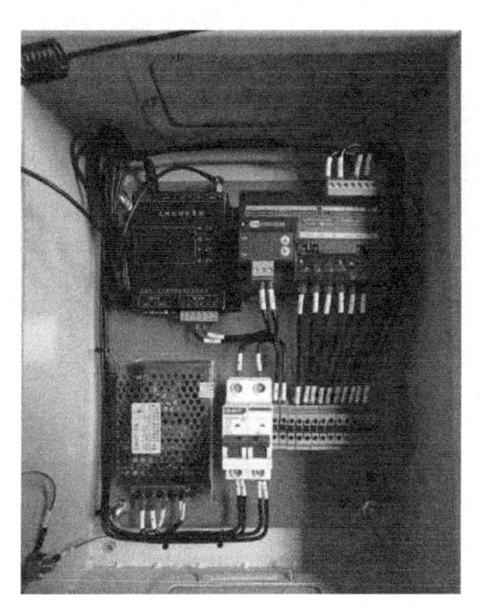

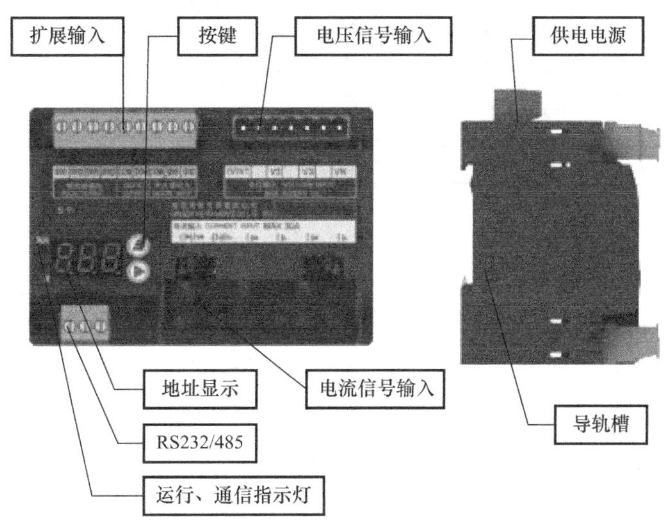

图6-34 监测设备

6.3.3 调适策略

上海地处北纬31°14′，东经121°29′，属于北亚热带季风性气候，四季分明，1月最冷，通常7月最热，日照充分，雨量充沛。总体而言，上海气候温和湿润，春秋较短，冬夏较长。上海年平均温度为16.1℃，供暖室外计算温度为−0.3℃，冬季空调室外计算温度为−2.2℃，冬季通风室外计算温度为4.2℃，盛行西北风；夏季空调室外计算干球温度为34.4℃，对应湿球温度为27.9℃，通风室外计算温度为31.2℃，盛行东南风。

针对上海夏热冬冷气候特征以及习惯开窗通风的现状，开展自然通风、机械通风方式的调适运行，实现过渡季节降低空调能耗。在典型制冷、制热季节，在保证室内热舒适的基础上，通过调整设定温度、多联机开机率等方式，实现空调系统的节能运行。以下分别就各种调适方法在示范工程中的节能潜力予以理论分析。

图 6-35　建筑模型

1. 建筑模型

该建筑总建筑面积 23265.03m^2，主要功能为办公、员工就餐、地下停车，空调区域总建筑面积为 15529.03m^2。建筑模型如图 6-35 所示，参数设置如表 6-14 所示。

办公建筑参数设置　　**表 6-14**

参数		数值	参数		数值
传热系数［W/(m^2·K)］	外墙	0.4	传热系数［W/(m^2·K)］	地板	0.4
	内墙	1.7		隔板	2
	屋顶	0.4		外窗	1.8
设计温度（制热/制冷）（℃）		20/26	平均层高（m）		3.97
窗墙比	0.4	窗墙比	人员密度（人/m^2）		0.1
新风［m^3/(h·人)］		30	—		—
照明密度（W/m^2）		9	设备功率（W/m^2）		15
建筑冷负荷（含新风）（W/m^2）		162	建筑热负荷（含新风）（W/m^2）		112

2. 计算软件

主要采用 DesignBuilder 软件，该软件以美国能源部和劳伦斯伯克利国家实验室联合开发的建筑能耗模拟软件 EnergyPlus 为计算核心，使用 OpenGL 固体建模器，具有优秀的图形界面操作能力，界面友好易于操作，能够通过拉伸、剪切等三维建模命令对复杂建筑进行建模，大大提高了建模效率。软件能够通过菜单选择实现建筑及房间各类热源设置、运行参数等设置，能够通过界面拖曳完成复杂空调系统建模，界面点击相应系统、部件即可对其进行参数设置或修改。软件功能丰富，能够对建筑进行冷热负荷分析、设备能耗分析、采光分析等，能够对热舒适（PMV/PPD 模型、热适用模型）进行实时计算并输出可视化结果，能够进行空间内的流场计算分析。此外，随着软件功能的进一步完善，DesignBuilder 已能够针对建筑设置参数进行优化分析、参数敏感性分析等。

3. 调适方法

根据理论分析和实测验证，制定该工程的空调系统调适流程，如图 6-36 所示。

6.3.4　能耗分析

1. 调适前运行数据

调适前的夏季典型月室内温湿度如图 6-37、图 6-38 所示，冬季典型月室内温湿度如

图 6-39 所示，温湿度满足人员需求。全年月度耗电量如图图 6-40 所示，其中 2 月、3 月、4 月由于新冠肺炎疫情原因，绝大多数空调未开机运行，导致月度能耗较低，全年能耗为 22.97kWh/m²。

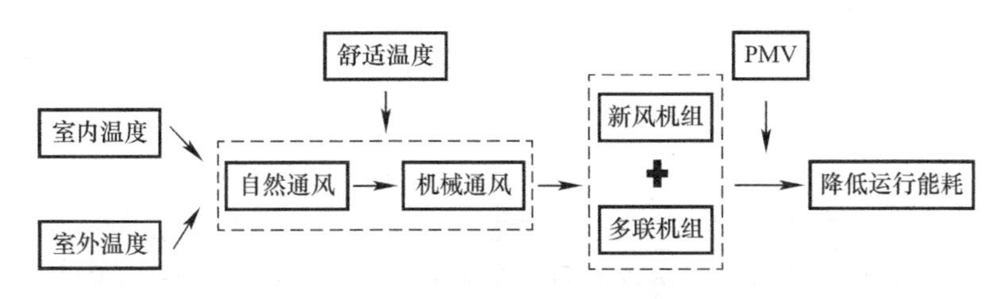

图 6-36 调适流程

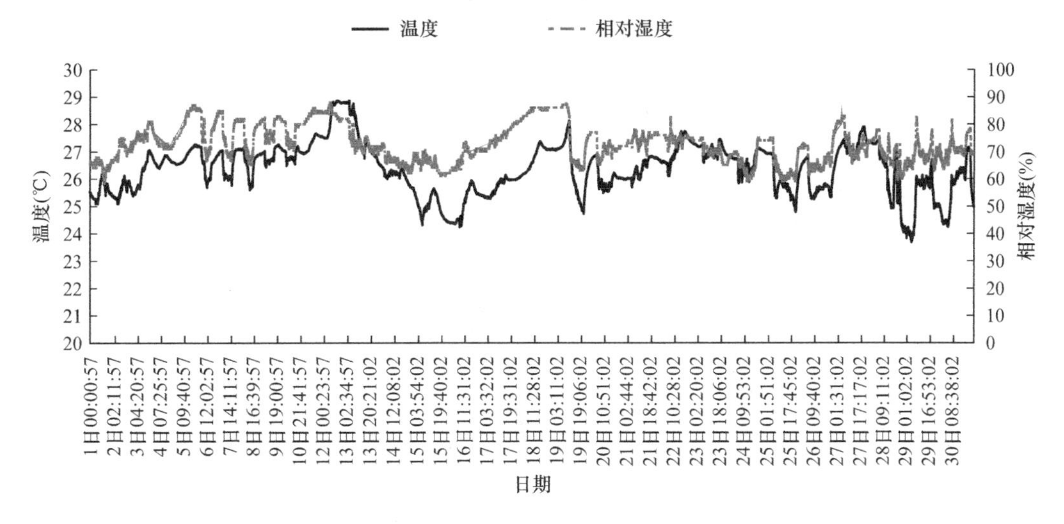

图 6-37 夏季典型月（2020 年 7 月）室内温湿度

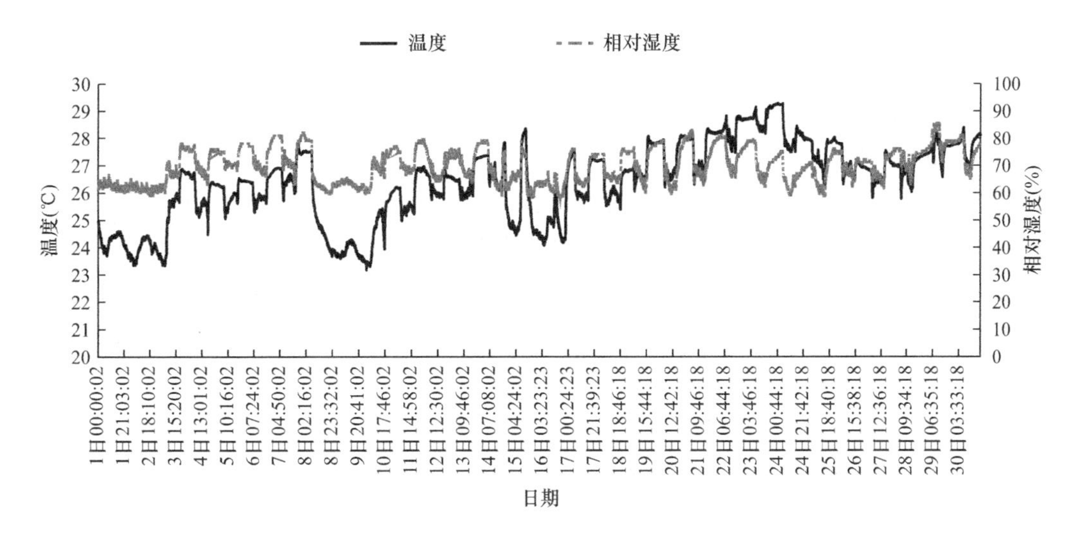

图 6-38 夏季典型月（2020 年 8 月）室内温湿度

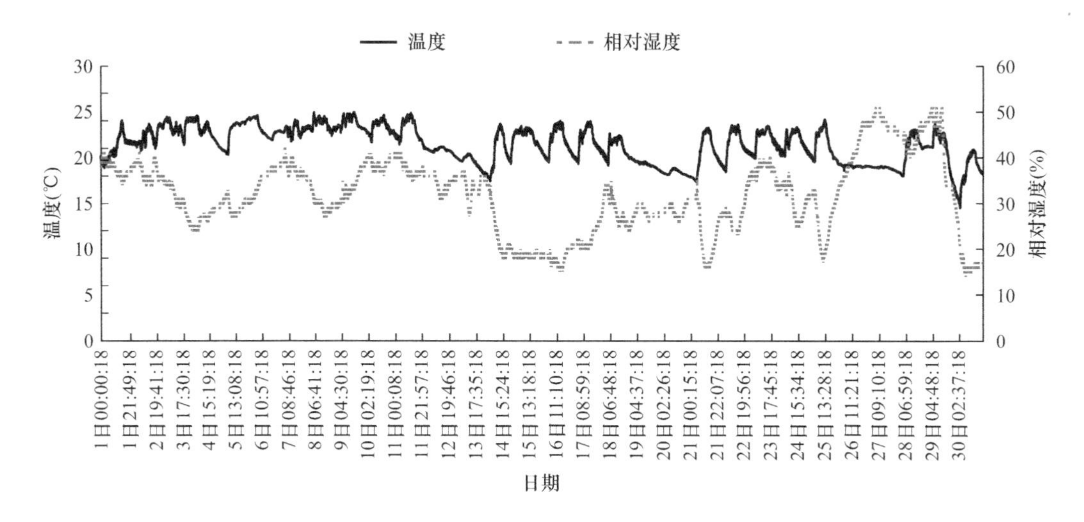

图 6-39　冬季典型月（2020 年 12 月）室内温湿度

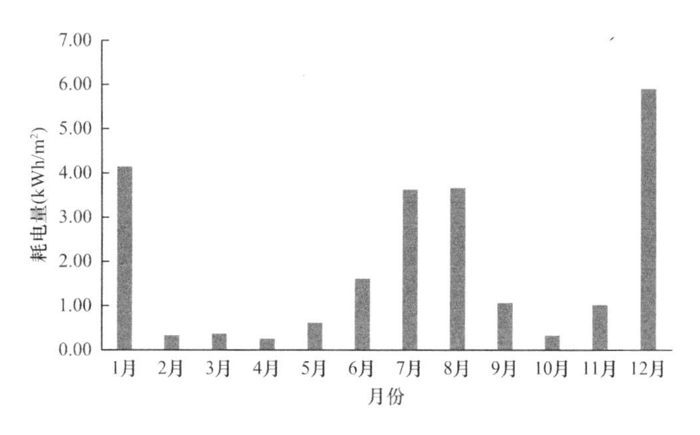

图 6-40　2020 年月度耗电量

2. 调适后运行数据

按照既定的运行策略进行空调系统调适，调适时间从 2021 年 1 月开始，截至 2021 年 8 月，以下分别对该调适期间的空调系统能耗、室内热舒适环境进行分析。

（1）空调能耗

调适后的空调系统月度耗电量如图 6-41 所示，由于调适后时间截止到 2021 年 8 月，因此为得到全年耗电量，利用已有调适前后月度能耗数据对比，折算得出 2021 年 9—12 月度能耗数据，经累计可得示范工程调适后全年能耗为 $18.33kWh/m^2$，由于室内机部分的耗电量主要为风机耗电，其耗电量比例较低，统一取其比例为 6%，则整体空调系统能耗为 $19.43kWh/m^2$。

（2）室内热舒适

空调在工作日按照早晨 7:00 开启、下午 5:00 关闭的方式运转，节假日全楼空调关闭。根据实测数据，全年室内温湿度变化如图 6-42 所示。以 2021 年 7 月作为典型的夏季，室内外温度实测值如图 6-43 所示，以 2021 年 1 月为典型冬季，室内外温度变化如图 6-44 所示，冬夏室内环境均满足舒适要求。

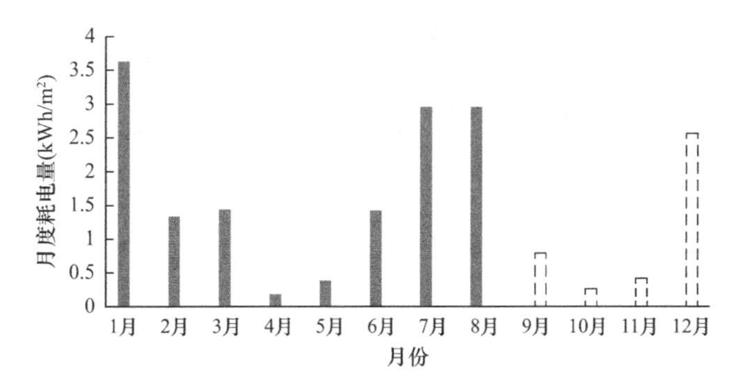

图 6-41　调适后空调系统月度耗电量

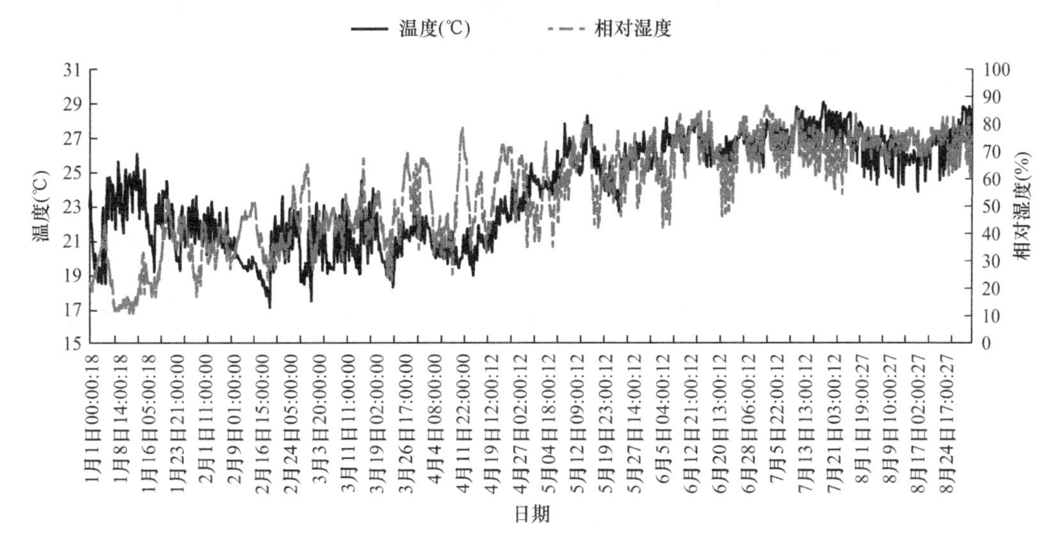

图 6-42　调适后室内热舒适环境（2021 年 1—8 月）

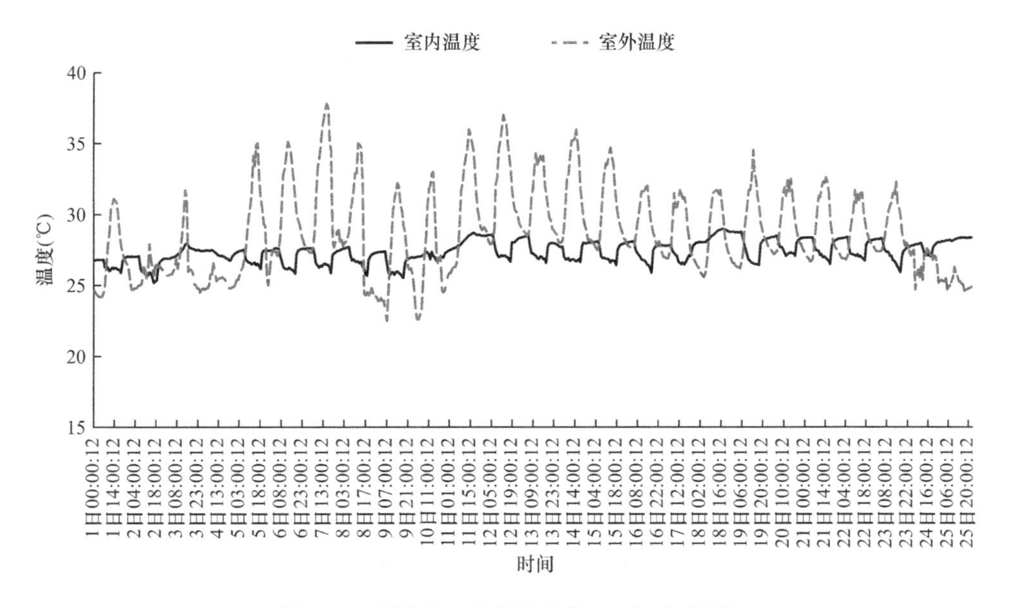

图 6-43　夏季室内外温度变化（2021 年 7 月）

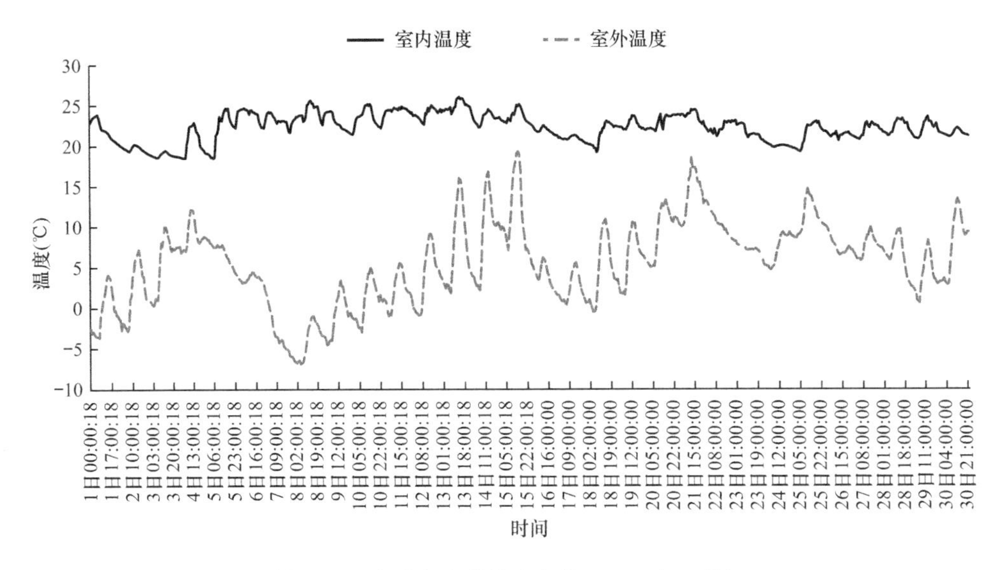

图 6-44 冬季室内外温度变化（2021 年 1 月）

由于在调适过程中采取了部分空间空调（控制开机率）、调节设定温度等措施，为验证调适后的室内舒适变化，选取三层进行了主观问卷调研，调研问卷设计内容如图 6-45 所示，结果如图 6-46 所示。由问卷调研可知，调适后在室内热环境综合满意度接近 90％的情况下，室内温度最大值提升了 2.4℃，最小值上升了 0.8℃，平均值上升了 1.4℃。

通过对空调系统优化调适，在满足室内用户热舒适性环境要求的情况下，采用提高设定温度、控制空调系统开机率，过渡季节采用通风等技术措施，降低了空调能耗，达到了节能目的。

6.3.5 小结

通过对上海建筑科学研究院节能示范工程调适运行，经理论分析和实测验证，得到如下结论：

（1）过渡季节（5 月、6 月、9 月、10 月）使用复合通风，理论上可延长非空调制冷时间 15.8％。

（2）在满足室内人员热舒适的基础上，通过调整设定温度、控制多联机开机率等技术措施，可有效降低空调系统能耗。

（3）经对比调适前后运行数据可知，该示范工程调适后全年空调系统能耗为 19.43kWh/m^2，调适节能率约为 15％。

针对室内人员满意度的调查问卷[复制]

“基于用户需求响应的多联式空调在线监测与调适技术”中美课题研发需求，我们正在开展建筑环境人员满意度调研。

本次调查调研秉承匿名的原则，我们承诺将您的问卷结果予以严格保密，不会给您造成任何不适或带来风险。

本次调研不会占用您太多时间，十分感谢您的参与!

---

*1.您所在楼层：__层

*2.您的性别是：________。

请选择 ▼

*3.您的年龄：________岁。

*4.您是否在工位上?

○是

○否(跳到问卷末尾结束作答)

*5.此刻的天气状况是

○阳光刺眼

○晴朗无云

○多云

○阴雨

○夜晚

*6.此刻室内通风情况如何，此题为多选 [多选题]

□开启窗户

□开启门

图 6-45　示范工程热舒适调研问卷（部分）

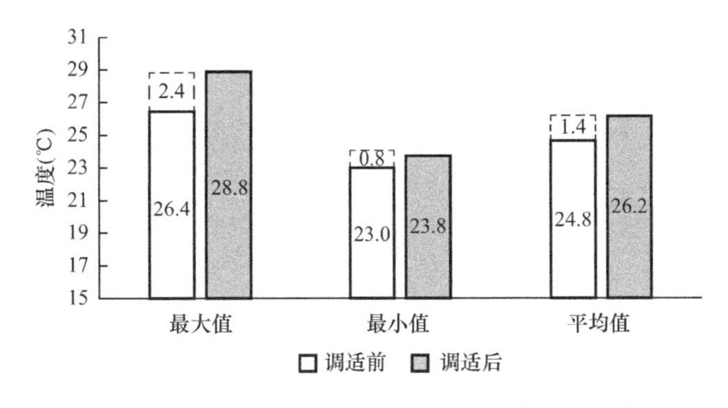

图 6-46　示范工程调适前和调适后室内温度变化

参考文献

［1］ 梁俊强，马欣伯，刘珊，王珊珊．中美清洁能源联合研究中心建筑节能合作净零能耗建筑关键技术研究示范成效与展望［J］．建设科技，2020（12）：8-11．

［2］ 逄秀锋，宋业辉，徐伟．我国建筑调适发展现状与前景［J］．建筑节能，2020，48（10）：1-7．

［3］ Mills，E．Commissioning Capturing the Potential［J］．ASHRAE Journal，2011，53（2）：1-2．

［4］ 逄秀锋，刘珊，等．建筑设备与系统调适［M］．北京：中国建筑工业出版社，2015．

［5］ Legris C，Choiniere D，Milesi Ferretti．Annex 47 Report 1：Commissioning Overview［R］．Paris，France：International Energy Agency，2010．

［6］ The U．S．Department of Energy．New DOE Research Strengthens Business Case for Building Commissioning［EB/OL］，（2019-05-02）［2019-05-02］．https：//www．energy．gov/eere/buildings/articles/new-doe-research-strengthens-business-case-building-commissioning．

［7］ 石文星，周德海，赵伟．关于多联机统一称谓的思考［J］．暖通空调．2009（12）：42-48．

［8］ 张国辉，刘万龙，徐秋生，等．我国办公建筑用多联机空调系统能耗调研分析［J］．暖通空调．2018，48（8）：17-21．

［9］ 王海刚，钱付平，陈乐端，等．大学生公寓多联机及半集中式空调系统能耗分析［J］．节能技术．2008（5）：475-478．

［10］ 杨柳．建筑气候分析与设计策略研究［D］．西安：西安建筑科技大学，2003．

［11］ 国务院办公厅．关于严格执行公共建筑空调温度控制标准的通知［S］．国办发［2007］42号，2007年6月1日．

［12］ 秦蓉，刘烨，燕达，等．办公建筑提高夏季空调设定温度对建筑能耗的影响［J］．暖通空调．2007（8）：33-37．